中等职业学校"十四五"规划教材

U0589819

家用电器原理与维修(中职版)
(第4版)

汪明添　主　编

北京航空航天大学出版社

内 容 简 介

本书内容由电热器具、电动器具、照明器具、制冷与空调器具 4 部分组成，主要介绍了常用的家用电子产品：电热水器、电暖器、电热毯、饮水机、家用豆浆机、电饭锅、微波炉、电磁灶、电子消毒柜、吸油烟机、洗衣机、电风扇、电冰箱和空调，详细讲解了它们的结构、原理与常见故障维修知识。本书以典型产品为例，通俗易懂，举一反三，具有针对性、典型性、实用性的特点。每章后面配有体现教学基本要求的习题，便于学生学习。本书是再版书，相比旧版，本书增加了家用电器的维修方法和滚筒式洗衣机的工作原理两部分内容。

本书可作为中等职业学校电子信息类专业相关课程的教材，也可作为相关领域工程技术人员的参考书。

图书在版编目(CIP)数据

家用电器原理与维修：中职版 / 汪明添主编. -- 4
版. -- 北京：北京航空航天大学出版社，2024.3
ISBN 978 - 7 - 5124 - 4341 - 9

Ⅰ. ①家… Ⅱ. ①汪… Ⅲ. ①日用电气器具－理论－
中等专业学校－教材②日用电气器具－维修－中等专业学
校－教材 Ⅳ. ①TM925

中国国家版本馆 CIP 数据核字(2024)第 011986 号

家用电器原理与维修(中职版)(第 4 版)
汪明添　主　编
责任编辑　董立娟
＊
北京航空航天大学出版社出版发行

北京市海淀区学院路 37 号(邮编 100191)　https://www.buaapress.com.cn
发行部电话：(010)82317024　传真：(010)82328026
读者信箱：emsbook@buaacm.com.cn　邮购电话：(010)82316936
涿州市新华印刷有限公司印装　各地书店经销
＊
开本：710×1 000　1/16　印张：15.25　字数：343 千字
2024 年 3 月第 4 版　2024 年 3 月第 1 次印刷　印数：1 000 册
ISBN 978 - 7 - 5124 - 4341 - 9　定价：52.00 元

前　言

本书是再版书,是对旧版教材的总结和提炼,增加了家用电器的维修方法和滚筒式洗衣机工作原理两部分内容。家用电器产品更新换代很快,本书尽量更换成了近年应用新技术、新工艺的电子产品。同时,注重知识的系统和连贯,很多电子产品都有机械式、电子式、微电脑式3种控制方式,但不能一一讲到,我们尽量编写典型的电路和结构,便于教学和实践。

本书是中等职业学校电子信息类专业系列教材之一,是按照教育部中等职业学校的培养目标和对本课程的基本要求编写而成的。

本书内容主要由电热器具(第2、3章)、照明器具(第4章)、电动器具(第5、6章)、制冷与空调器具(第7、8章)4部分组成,介绍了常用的家用电子产品:电热水器、电暖器、电热毯、饮水机、家用豆浆机、电饭锅、微波炉、电磁灶、电子消毒柜、吸油烟机、洗衣机、电风扇、电冰箱和空调,详细讲解了它们的结构、原理与常见故障维修知识。本书以典型产品为例,通俗易懂,举一反三,具有针对性、典型性、实用性的特点。每章后面配有体现教学基本要求的习题,便于学生学习。

我们编写的原则是:讲明白基础,讲透基本结构,重点放在原理和维修的讲述上,使读者能读得懂、学得会,快速掌握维修技术。本书理论联系实际,内容深入浅出,简明扼要。

本书由贵州电子信息职业技术学院汪明添担任主编,蔡光祥、龙立钦担任副主编。汪明添编写了前言及第1～4章。龙立钦编写了第5和6章。蔡光祥编写了第7和8章。贵州电子信息职业技术学院教师王凯丽担任主审。

由于编者的水平有限,本书难免有欠妥之处,真诚希望广大读者批评指正。

本书配套了电子课件,有兴趣的读者,可以发送电子邮件到 wmt8899@sina.com 与作者索要,并进一步交流;也可以发送电子邮件到 xdhydcd5@sina.com,与本书策划编辑交流。

编者

2023 年 12 月

目　　录

第**1**章

电器维修基本知识

1.1　电热基础知识

利用电流的热效应,将电能转变成热能而制成的各种器具称为电热器具。

利用电能转变成热能与其他获取热能的方法比较主要有以下优点:

① 没有污染。加热时不会产生烟尘及有害气体,有利于环境保护。

② 热效率高。电热器具的热效率可达65%～90%。对于其他方法而言,由于燃料不能充分燃烧,从而导致热效率较低,如煤燃烧时的热效率只有15%～20%;煤气燃烧时的热效率虽然较高,也只有40%～50%。

③ 安全性好。使用时无明火,相对来说安全性要比使用燃料好。通过设置安全装置,可确保使用者的安全。

④ 便于控制。电热器具不仅升温快,而且可以通过温度控制器件实现温度控制。

1.1.1　电能与热能转换的基本理论

在物理学中,热现象是物质中大量分子无规则运动的具体表现,热是能量的一种表现形式。电能和热能可以互相转换,如电热器具将电能转换为热能。电能与热能的转换关系可以用焦耳-楞次定律来表述。

焦耳-楞次定律:电流通过导体时产生的热量(Q)跟电流强度的平方(I^2)、导体的电阻(R)以及通电的时间(t)成正比。用公式表示就是:

$$Q = KI^2Rt$$

式中,K 是比例恒量,又叫电热当量,它的数值由实验中得到的数值算出。当热量用 cal(卡)、电流强度用 A、电阻用 Ω、时间用 s 作单位时,K＝0.24 cal/J。于是上式可以写作:

$$Q = 0.24I^2Rt$$

上述公式表达了电能与热量之间的数量变换关系,它是电热器具工作原理的基本理论。

在我国法定计量单位制中,热量的单位为 J(焦耳):

$$1 J = 1 N \cdot m = 1 W \cdot s = 1 V \cdot A \cdot s$$

在非法定计量单位制中，热量单位也可用 cal 表示，它是指 1 g 水的温度升高 1℃ 所需要的热量。另外，还有 kcal（千卡），俗称大卡。它们之间的关系是：

$$1 \text{ kcal} = 1\ 000 \text{ cal}$$

把单位 J 换算成 cal 时，需要乘以常数 0.24，即 1 J≈0.24 cal。

1.1.2　电热器具的类型与基本结构

1. 电热器具的类型

按照电热转换方式来区分，电热器具可分为：

(1) 电阻式电热器具

电阻式电热器具是利用电流的热效应来工作的，当电流通过高电阻率导体时，要克服电阻而消耗功率，其消耗的功率以热的形式释放出来，从而起到加热作用。

电阻加热可分成两大类：直接加热（如对水加热的热水器）和间接加热（电流使电热器具中的电热元件产生热量，再通过辐射、对流或传导将热量传送到被加热物体）。在家用电热器具中，间接加热的典型产品有电饭锅、电热毯、电烤箱和电熨斗等。

(2) 红外式电热器具

远红外线加热法是先使电阻发热元件通电发热，利用此热能来激发红外线发射物质，使其辐射出红外线来取暖人体和烘烤食物。

红外线是电磁波，和可见光一样，以辐射的形式向外传播；其波长是 0.77～1 000 μm，分近红外、中红外、远红外线等，其中，远红外线波长为 2.5～30 μm。远红外线的主要特性有：

① 发射性。远红外线属于光线范围的电磁波，与光线一样不需要任何媒介便可直接传导。

② 渗透性（渗透力）。远红外线能量可作用到皮下组织一定深度，再通过血液循环，将能量送到深层组织及器官中。

③ 吸收、共振性。所有含远红外的物体既可以辐射远红外线，也可以吸收远红外线等。红外电热产品的远红外线波长和人体发射的远红线波长匹配，能迅速被人体吸收，渗入人体的远红外线便会引起原子和分子的振动，再透过共鸣吸收形成热反应，促使皮下深层温度上升。因此，远红外线具有良好的吸收、共振性。其中，在 8～14 μm 波长的远红外线与人体放射的波段相同，相同波长的远红外线对人体具有良好的理疗效果。

波长为 2.5～15 μm 之间的红外线最易被物体吸收，起到加热的作用。因此，在家用红外线辐射电热器中，远红外线的波长一般集中在 2.5～15 μm 之间，典型应用有远红外线取暖器、电烤箱和消毒碗柜。

(3) 感应式电热器具

根据电磁感应定律，若将导体置于交变磁场中，导体内部会产生感应电流（涡流），涡流在导体内部会克服内阻做回旋流动产生热量,这就是电磁感应加热。

采用电磁感应加热法的典型产品是电磁灶。在电磁灶中,因工频电磁灶(频率为50~60 Hz)易产生振动和噪声,所以家用电磁灶采用1 500 Hz以上的高频电磁灶。

(4) 微波式电热器具

微波也是一种电磁波,波长在1 mm~1 m,频率相应为300 kHz~300 MHz。使用微波加热的典型产品是微波炉。

微波加热实质上是介质加热。食物是吸收微波的一种介质,在微波辐射之下,食物中水分子随微波频率的变化、在1 s内做二十几亿次(2.450 GHz)摆动,食物中水分子之间的摩擦十分剧烈,从而产生足够的热量,这就是微波加热的原理。

目前,微波炉使用的频率有915 MHz和2.45 GHz两种,前者用于烘烤、干燥、消毒,后者用于家用微波炉。

2. 电热器具的基本结构

各种电热器具的基本结构主要由电热元件、控制元件及安全保护装置组成。

(1) 电热元件

电热元件的主要作用是将电能转变为热能。常用的电热元件有电阻式电热元件、红外线电热元件、电热合金发热板、管状电加热器、PTC加热器等。

(2) 控制元件

控制元件的主要作用是对发热元件的温度、电功率、通电时间等参数进行控制,以满足使用者的需要。常用的控制元件有双金属片式温控器、磁性温控器、热敏电阻温控器、PTC温控器等。

(3) 安全保护装置

安全保护装置的主要作用是在电热器具发热温度超过正常范围时自动切断电源,防止器具过热而损坏,甚至酿成事故。常用的安全装置有熔断器、热继电器、漏电保护器等。

1.2　电热元件

电热器具中,常用的电热元件有如下几种。

1.2.1　电阻式电热元件

电阻式电热元件的品种很多,在家用电热器具中,电阻式电热元件的材质一般采用合金电热材料。在实际应用中,合金电热材料被制成电热丝,在电热丝的基础上,再经过二次加工制成各种电热元件。

1. 开启式螺旋形电热元件

这种电热元件是将合金电热丝绕制成螺旋状,直接裸露在空气中,在电吹风和家用开启式电炉中应用较广。螺旋式电热元件绕制尺寸如图 1.2.1 所示,为避免电热丝变形、断裂,增加使用寿命,D、d、h 应符合如下要求:

当 $d \leqslant 1.0$ mm 时,选 $D = 3 \sim 5d$,$h = 2 \sim 4d$;

当 $d > 1.0$ mm 时,选 $D = 5 \sim 7d$,$h = 2 \sim 4d$。

2. 云母片式电热元件

将合金电热丝缠绕在云母心上,再在外面覆一层云母作绝缘,如图 1.2.2 所示,就组成了云母片式电热元件。

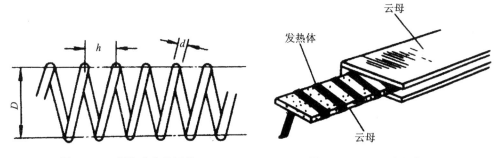

图 1.2.1　螺旋式电热元件　　　　图 1.2.2　云母片式电热元件

3. 金属管状电热元件

金属管状电热元件是电热器具中最常用的封闭式电热元件,主要由电热丝、金属护套管、绝缘填充料、端头封堵材料、引出棒等组成,如图 1.2.3 所示。

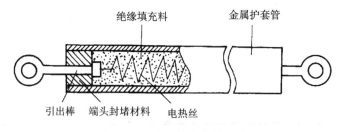

图 1.2.3　金属管状电热器件

(1) 电热丝

电热丝为螺旋形合金丝,是直接通电发热的部分。因完全密封于金属护套管中,与空气隔离,因而有效地防止了氧化,使表面负荷可以增加十几倍,既节约了电热材料,也提高了热效率及使用寿命。

(2) 金属护套管

常见的金属护套管为不锈钢管、碳钢管、黄铜管、紫铜管和铝管,一般根据加热介质的种类和工作温度而定。

(3) 绝缘填充料

常见的绝缘填充料为结晶氧化镁、石英砂、氧化铝和氯化镁,其适用温度分别为600℃、400℃、500℃、300℃以下,具有良好的绝缘性能和导热性能。

(4) 端头封堵材料

端头封堵材料使绝缘填充料不易吸收环境中的水汽,常见的材料为硅有机漆、环氧树脂、硅橡胶、玻璃和陶瓷等。

(5) 引出棒

引出棒为合金丝或低碳钢等金属丝,与外电路连接的形式主要有螺纹连接、冲孔连接、插针连接等。

4. 电热板

电热板的形状有圆形、方形等,采用铸板结构形式,主要用于电饭锅等产品中。

5. 绳状电热元件

绳状电热元件是在一根用玻璃纤维或石棉线制作的芯线上缠绕柔软的电热丝(铜、镍合金等),再套一层耐热尼龙编织层,并在编织层上涂敷耐热聚乙烯树脂而成,主要用于电热毯、电热衣等柔性电热织物中。典型结构如图1.2.4所示。

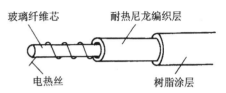

图1.2.4 绳状电热元件典型结构

6. 薄膜型电热元件

薄膜型电热元件是以康铜箔或康钢丝作为电热材料、聚酰亚胺薄膜作为绝缘材料的薄膜型新型电热元件,多制成片状或带状,用于电咖啡壶等产品中。

1.2.2 远红外线电热元件

远红外线加热方法是在电阻加热方法的基础上发展起来的,它的热源是红外电热元件发出的波长为 2.5～15 μm 的远红外线。其基本原理是:先使电阻发热元件通电发热,靠此热能来激发红外线辐射物质,使其辐射出红外线再加热物体。它具有升温迅速、穿透能力强、节省能源和时间的特点,在取暖器、电烤箱、消毒柜等家电产品中应用较广。

远红外线电热元件有管状、板状和红外线灯等多种,在家电产品中最常见的是管状远红外电热元件。

管状远红外电热元件的石英管由乳白色透明石英材料制成,内壁有 2 000～8 000个/cm²、直径为 0.03～0.05 mm 的小气泡。石英管内配置带有引出端的螺旋合金制成的电热丝,两端用耐热绝缘材料密封,以隔绝外界空气,防止电热丝氧化。其结构如

图 1.2.5 所示。

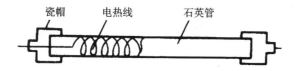

图 1.2.5　管状远红外电热元件结构

1.2.3　PTC电热元件

PTC电热元件是一种具有正温度系数的热敏电阻,它属于钛酸钡($BaTiO_3$)系列的化合物,并掺杂微量的稀土元素,采用陶瓷制造工艺烧结而成。

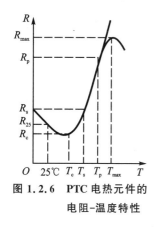

图 1.2.6　PTC电热元件的
电阻-温度特性

PTC电热元件的发热体是半导体。一般半导体电阻随温度升高而降低,呈NTC负温度特性,而PTC电热元件当温度达到居里点附近时,电阻值会急剧增加,发生几个数量级的变化。当给PTC通电使其升温时,在开始阶段,PTC材料的电阻值随温度的升高呈下降的趋势,为负温度特性;当温度达到某一范围时,PTC材料的电阻率才会上升,呈现正温度特性。

PTC电热元件的电阻-温度特性如图 1.2.6 所示。

PTC电热元件的结构有圆盘式、蜂窝式、口琴式、带式等多种。主要优点是:限温发热,能自动进行温度补偿,安全性好,不氧化,使用寿命长,并能适应较宽的电压波动。

1.3　控制元件

1.3.1　温控元件

在家用电热器具中,常用的温控元件有热双金属片温控元件、磁性温控元件、热敏电阻温控元件和热电偶温控元件。

1. 热双金属片温控元件

热双金属片温控元件由热膨胀系数不同的两种金属薄片轧制结合而成,其中一片热膨胀系数大,另一片热膨胀系数小。在常温下,两片金属片保持平直;当温度上升时,热膨胀系数大的一片伸长较多,使金属片向热膨胀系数小的那一面弯曲。温度越高,弯曲越厉害。当温度下降时,热双金属片收缩恢复到原状。利用双金属片受热后弯曲变形运动的特点,即可控制开关触点的通断。

双金属片有常开触点型和常闭触点型两种形式,如图1.3.1所示。在常温下呈闭合状态的触点称为常闭触点,呈断开状态的触点称为常开触点。

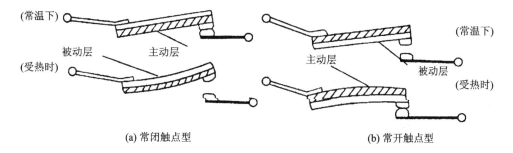

(a) 常闭触点型　　　　　　　　　(b) 常开触点型

图 1.3.1　双金属片的结构

2. 磁性温控元件

磁性温控元件主要用于电饭锅中,主要由永久磁钢、感温软磁、弹簧和拉杆等组成。当温度上升到感温软磁居里点时,软磁铁磁力急剧减小,从而使开关触点分离,切断电路。

3. 热敏电阻温控元件

热敏电阻温控元件利用热敏电阻的负温度系数特性,实现其对温度的检测与转换。它将检测到的温度值转变为电量,然后经放大电路放大,推动执行机构实现对电热元件的控制;具有结构简单、体积小、寿命长、温度控制精确、易于实现远距离的测量与控制的特点。

4. 热电偶温控元件

热电偶温控元件是由两种具有一定热电特性的材料构成的热电极。图1.3.2是热电偶测温原理图。A、B为两根不同成分、由具有一定热电特性的材料所构成的热电极,把它们的一端互相焊接,而另一端连接起来形成回路,便成为一支热电偶。热电偶的焊接

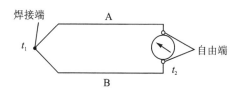

图 1.3.2　热电偶测温原理图

端称为工作端或热端,使用时将此端置于被测温度部位,设其感受温度为 t_1;另一端称为自由端或冷端,设其温度为 t_2。当 $t_1 > t_2$ 时,回路中即有电动势(即热电势)产生,此电势放大后用来控制执行机构,从而达到调节温度的目的。

这种方法精确可靠,温度控制调节范围宽,价格又高,通常只用于较大型电热器具中,如 100 L 以上的热水器等产品。

1.3.2 功率控制

在电热器具中,单纯进行温度控制存在一些不足之处,若辅以功率控制,则可使电热器具保持适宜温度。功率控制的方法主要有以下几种:

1. 开关换接控制

对于装置数支电热元件的电热器具,工作时利用开关在元件之间选择通断以及串、并联等不同的组合,从而得到不同大小的功率。

2. 二极管整流控制

利用转换开关将二极管接入电路中,利用二极管的整流作用,将单相正弦波电压变成脉动的单相半波电压。对纯电阻性负载,在二极管截止期间,电路中没有电流,从而使平均发热功率降低了一半。

图 1.3.3 是采用二极管半波整流来调节发热功率的电热毯电路,当开关 S 在位置 2 时,电热线 R_L 断电;当 S 打在位置 3 时,电热线得到 220 V 电压,为高温挡;当 S 打到位置 1 时,二极管 VD 与电热线串联,通入电热线的是经 VD 半波整流后的脉动直流电,发热功率减少一半,为低温挡。通过二极管与转换开关配合来改变电热毯的发热功率,从而实现调温。

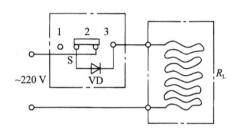

图 1.3.3　二极管整流调温型电热毯电路

3. 晶闸管调功控制

通过改变晶闸管的导通角控制电路使电热元件得到不同的工作电压,从而使电热元件产生不同的功率。晶闸管控制电路若与热敏电阻等检测元件相结合,则能实现对电热器具的自动控制。

1.3.3 定时控制元件

定时控制是利用时控元件对电热器具的工作时间进行控制。定时控制所使用的时控元件多为定时器。定时器按结构原理可分为机械发条式、电动式、电子式等。

1. 机械发条式定时器

机械发条式定时器是一种利用钟表机构原理,以发条作为动力源,再加上机械开关组件构成的定时器。发条一般采用碳钢或不锈钢片卷制而成。

机械发条式定时器的结构原理如图 1.3.4 所示。图中,开关凸轮与主轴铆接,当主轴反转时,靠摩擦片和盖碗使头轮滑动而将发条松开,并不影响齿轮系的转动。当主轴正转上条时,靠第二轮上的棘爪孔与棘爪滑脱而与其后的齿轮系离开。当自然放条时,整个轮系转动,靠振子调速。这种定时器结构的特点是摩擦力矩大,动作可靠。

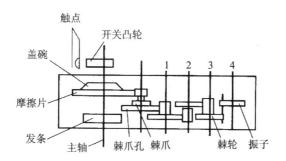

图 1.3.4　机械发条式定时器结构原理示意图

机械发条式定时器通常只能做到 2 h 以内,国内生产厂家较多。

2. 电动式定时器

电动式定时器一般采用微型同步电动机或罩极式电动机作为动力源,加上减速传动机构、机械开关组件及电触点(通常都是常开触点)组成。电动式定时器结构如图 1.3.5 所示。其关键部件是机械开关组件(见图 1.3.6),它包括一个带凸轮(或凹轮)的转盘和一个有固定支点的杠杆触头。该转盘既可用手转动,也可由微型电机通过减速机械带动。当要确定工作时间时,可拧动调时旋钮使转盘顺时针转动。当杠杆滑动支点滑出凹槽与转盘外圆接触时,恰好杠杆触点与固定触点紧密贴合,电路接通。此时若接通电源开关,则整个电路有电流通过,微型同步电机转动,通过减速机构带动转盘继续转动,直至杠杆的滑动支点重新落入凹槽,电触点脱开,电路断电。很显然,调时旋钮转动角度的大小决定了工作时间的长短。

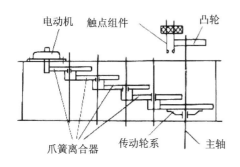

图 1.3.5　电动式定时器结构示意图

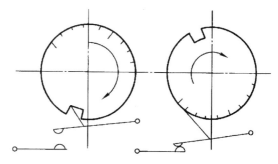

图 1.3.6　机械开关组件

电动式定时器工作性能稳定,定时精度高,通常可以做到 2 h 以上的长延时,如 6 h、12 h、24 h 等,目前国内很少有厂家生产。

3. 电子式定时器

电子定时器一般由延时电路、转换电路和继电器、晶闸管等组成。电子定时器有电容充电式、电容放电式、场效应管式、单结晶体管式、指触式等多种电路形式。

1.4 小型交/直流电动机

1.4.1 永磁式直流电动机

家用电器中的视听设备、收录机、电动剃须刀、电动玩具等均采用永磁式直流电动机。电动机的定子用磁钢或永久磁铁加工成型,能产生一个恒定磁场,转子转速可以随电源电压和负载转矩的变化而变化。永磁式直流电动机具有效率高、体积小、质量轻、便于携带等优点,但加工精度高,结构比交流电动机复杂,成本高。它的结构如图 1.4.1 所示。

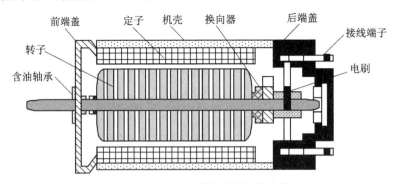

图 1.4.1 永磁式直流电动机的结构

1. 永磁式直流电动机的结构

由图 1.4.1 可知,永磁式直流电动机是由定子、转子、换向器、前端盖、后端盖、含油轴承、电刷等组成的,现对其核心部件作简要介绍。

(1) 定子

定子是产生静止磁场的部件,并与外壳紧压配合(过盈配合),采用磁钢、坡膜合金加工成环形,如图 1.4.2 所示。

(2) 转子

转子是直流电动机的转动部分,由铁芯、绕组、换向器、转轴等组成,又称电枢。铁芯是用 0.3～0.5 mm 厚的硅钢片,按一定形状冲压成型,然后叠压成柱状的。

(3) 换向器

换向器是将 3 个互不相通的弧形金属片(多以紫铜为材料),嵌置在塑料或玻璃纤维套筒上制成 3 个换向片和相应的线圈连接制成的,如图 1.4.3 所示。3 个线圈的另一端连接在一起。

(4) 电刷

电刷通常是用导电材料石墨和磷铜片制成的,与轴线垂直安装在换向器的两侧,并依靠电刷的弹性与换向器保持良好的接触,电刷的另一端与电源相接。当电源接通时,直流电流通过电刷和换向器片将电流送入电枢绕组,其结构如图1.4.3所示。

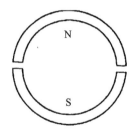

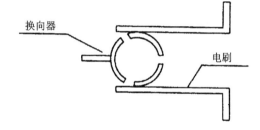

图 1.4.2　永磁式直流电动机的定子磁环　　图 1.4.3　永磁式直流电动机的换向器与电刷

2. 永磁式直流电动机的工作原理

永磁式直流电动机的工作原理如图1.4.4所示。由图可知,电枢处在一个静止磁场中,当电枢绕组加上直流电压时,则有直流电流。由左手定则(左手平展,使大拇指与其余4个手指垂直,并且都跟手掌在一个平面内。让磁感线垂直穿入手心,手心面向N极,4个手指指向电流所指方向,则大拇指的方向就是导体受力的方向)可以判断,线圈的两边均受到力的作用,两个力的大小相等、方向相

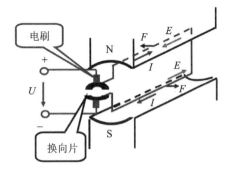

图 1.4.4　永磁式电动机的工作原理

反,但不作用在同一条直线上,形成偶力矩使电枢转动。电枢上的绕组是按一定的规律排列的,电枢中所产生的转动力矩足以带动负载机械运转,从而使电动器具工作。

1.4.2　励磁式直流电动机

励磁式直流电动机的定子为恒定磁场,是由定子绕组通过直流电流后建立起来的,通常把定子绕组称为励磁绕组,转子绕组称为电枢绕组。根据励磁绕组和电枢绕组之间连接方式的不同,可分为他励、并励、串励和复励式。吸尘器、豆浆机、绞肉机等小家电中广泛应用的是单相串励式电动机,又称为交流、直流两用电动机。

单相串励式直流电动机连接方式如图1.4.5所示,它的励磁电路和电枢电路是串联连接的。

单相串励电动机主要由定子、转子(电枢)、换向器、电刷等构成,如图1.4.6所示。定子由定子铁芯和定子绕组(励磁绕组)组

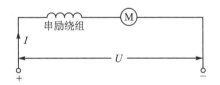

图 1.4.5　单相串励式直流电动机连接方式

成。转子由电枢铁芯、电枢绕组和换向器、转轴等构成。

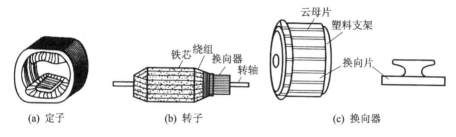

图 1.4.6　单相串励电动机构成

永磁式直流电动机工作时定子磁场由永久磁铁产生,而励磁式直流电动机的定子磁场是由励磁绕组产生的,其他工作原理类似。

1.4.3　单相异步交流电动机

单相异步交流电动机具有结构简单、成本低、价格便宜等优点,所以被电风扇、吸油烟机、洗碗机等小家电采用。

1. 单相异步交流电动机的结构

单相异步交流电动机主要由定子、转子两部分构成,如图 1.4.7 所示。

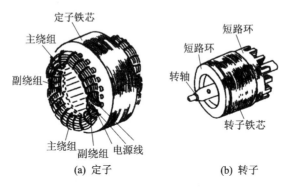

图 1.4.7　单相异步交流电动机的构成

2. 单相异步交流电动机的工作原理

单相异步电动机的转子不能自行转动,所以在定子铁芯上装置了两套绕组:主绕组和副绕组。主绕组又称主相绕组、工作绕组,用以产生主磁场;副绕组又称副相绕组、启动绕组、辅助绕组或罩极线圈,用以产生辅助磁场(副磁场)。主副磁场合成旋转磁场,切割静止的转子导体,可产生一定的电磁转矩,使转子旋转。当转子转速达到 75%～85% 的同步转速时,可切断副绕组(电容运转或罩极式电动机除外),电动机仍继续旋转升速,直到与外阻抗转矩平衡而稳定运转。

3. 单相异步电动机的接线原理、结构特点及适用范围

（1）单相电阻启动式

单相电阻启动式异步电动机接线原理如图 1.4.8 所示。

定子有两个空间位置互差 90°（电角度）的绕组：工作绕组和启动绕组。电阻值较大的启动绕组经启动开关与工作绕组并接于电源上。转子为鼠笼式。当转速达到额定值的 80％ 左右时，离心开关使启动绕组电源切断。

这种电动机具有中等启动转矩和过载能力，适用于小型车床、鼓风机、医疗器械等。

（2）单相电容启动式

单相电容启动式异步电动机接线原理如图 1.4.9 所示。

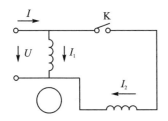

图 1.4.8　单相电阻启动式异步
电动机接线原理

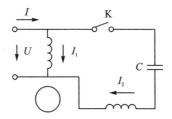

图 1.4.9　单相电容启动式异步
电动机接线原理

定子的结构同单相分相启动式类似，但启动绕组与一个容量较大的电容器串联后经离心开关与工作绕组并联于电源，产生较大的启动转矩。当启动达到一定转速后，离心开关使启动绕组与电源切断；正常运转时只有工作绕组工作。改变启动绕组与工作绕组并接的两端，可使转向改变。

这种电动机启动转矩高，适用于小型空气压缩机、电冰箱、医疗器械、水泵及满载启动的机械。

（3）单相电容运转式

单相电容运转式异步电动机接线原理如图 1.4.10 所示。

定子有两个绕组（主绕组和副绕组），它们的空间位置互差 90°（电角度）。副绕组串联一个电容器后与主绕组并联于电源。电容器将副绕组电流移相，并使电动机近似为两相电动机状态工作。换接任一相绕组在电源上的接线，可使转向改变。

这种电动机启动转矩略低于同等级的单相电容启动电动机，但功率因数较高，电动机效率高，体积小，重量轻，适用于电风扇、通风机、录音机及各种空载或轻载启动的机械。

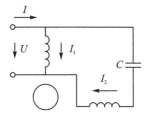

图 1.4.10　单相电容运转式异步
电动机接线原理

（4）单相双值电容启动式

单相双值电容启动式异步电动机接线原理如图 1.4.11 所示。

启动和运转时分别使用数值不同的电容器(C_{st} 启动,C 运转)。副相回路由两条分支回路并联后,再与副绕组串联。

该种电动机具有较高的启动性能、过载能力、功率因数和效率等特点,但结构复杂,适用于要求启动转矩大、力能指标高的家用电器,如泵、低噪声洗衣机等。

(5) 单相罩极式

单相罩极式异步电动机结构原理如图 1.4.12 所示,由凸极定子和集中形式的主绕组组成。此外,在定子极靴表面的一角套上有罩极绕组的短路铜环。当主绕组通电后,罩极绕组感应出一个滞后主绕组的电流,该电流起到了移相作用,并形成旋转磁场,使电动机运转。

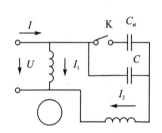

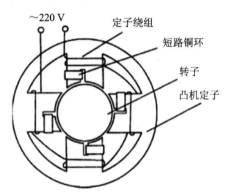

图 1.4.11 单相双值电容启动式
异步电动机接线原理

图 1.4.12 单相罩极式异步
电动机结构原理

单相罩极式异步电动机启动转矩、功率因数和效率均较低,且不能反转。但结构简单、成本低,适用于小型风扇、电动模型及各种轻载启动的小功率电动设备。

下面以吸油烟机风扇电机为例介绍交流电动机的检测。

① 绕组通断的检测。先将指针万用表置于 $R \times 10$ 挡,两个表笔接绕组两个接线端子,表盘上指示的数值就是该绕组的阻值。若阻值为无穷大,则说明它已开路;若阻值过小,则说明绕组短路。分别测量运行绕组、启动绕组的阻值,以及运行绕组+启动绕组的阻值,并与正常值进行比较。

② 绕组是否漏电的检测。将指针万用表置于 $R \times 10K$ 挡,一个表笔接电动机的绕组引出线,另一个表笔接在电动机的外壳上,正常时阻值应为无穷大,否则说明它已漏电。

1.5 识图常识

图纸是从事工程设计、制造、安装和维修的技术人员之间的通用语言,具备一定的识图能力是每个工程技术人员所应具备的基本素质。识图常识包括电路识图常识和机械识图常识,本节主要介绍电路识图常识。

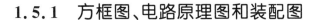

1.5.1　方框图、电路原理图和装配图

1．电路图的种类

实践中常用的电路图有方框图、电路原理图和装配图 3 种。此 3 种电路图展示的信息不同，却有着紧密的内在联系，即从不同的侧面来描述同一个电子设备。

2．方框图

方框图是用分割图来表示设备系统的一种方法，它表明了设备组成部分、各部分之间的关系及信号的流程、演变过程。

了解并掌握设备组成方框图是分析该设备的结构、工作原理的第一步，也是读懂、走通一个复杂电路的钥匙。

3．电路原理图

方框图只描述了一个电子设备或复杂电路的框架，具体采用的电路类型、元器件及参数、各电路间的连接情况需要用电路原理图来表示。电路原理图是用电路图形符号有机连接成的整体图，是有关技术人员不可缺少的资料，有了电路原理图就能更详细、具体地分析电子设备的工作原理。

4．装配图

装配图是电路原理图具体实现的表现形式，是电子设备安装、调试和维修的必要资料。装配图一目了然地表明了元器件的实物形状、安装位置和电路的实际走线方式等。

1.5.2　识图要求与方法

1．识图要求

（1）熟悉每个元器件的电路符号

电子元器件是组成各种电子线路及设备的基本单元，熟悉电子元器件的电路符号是识读电路图的基本要求。电路符号包括图形符号、文字符号和回路标号 3 种。图形符号通常用于电路图或其他文件，用来表示一个元器件或概念的图形、标记。文字符号是用来表示电气设备、装置和元器件种类和功能的字母代码。回路标号主要用来表示各回路的种类和特征等。

（2）根据图纸迅速查找到元器件在电子设备中的具体位置

这是一个由理论到实践的过程。电路图提供了电子设备组成和工作原理的理论依据，根据电路图迅速、准确地判断出有关电路在整机结构中的部位，乃至查找到元器件的实际位置是识读电路的主要目的之一。

对于家电维修人员来说，达到此项要求尤为重要。在维修时，首先根据故障现象，参阅电路原理图分析出可能产生故障的部位;然后必须迅速准确地查找到相关部位,对有关元器件进行必要的测试;最后,确认产生故障的真正原因,并设法予以排除。

(3) 能够看懂方框图

如前所述,方框图勾画出了电子设备组成和工作原理的大致轮廓。能够看懂方框图,是掌握整个电子设备工作原理和工作特点的基础。对具体电子设备及电路的识别方法,一般是由简单到复杂、由整体到局部逐步摸索。因此,要了解和掌握具体设备的电路原理必须读懂方框图。

(4) 具有一定的识别能力

一个电子设备通常是由许多元器件所组成的单元电路构成的。在读图过程中,还要求具有对单元电路、元器件的识别能力,即确认各单元电路的性质、功能及组成元器件。比如,电视机电路中有若干放大电路,读图时必须能分清高频放大器、中频放大器、视频放大器、功率放大器等不同类型和功能的放大器,同时还必须搞清每个单元放大器由哪些元器件组成。识别能力还体现在对元器件的实物识别等方面。

2. 识图方法

(1) 认准"两头"、弄清用途

我们知道,任何一个电子设备,无论其电路复杂程度如何,都是由单元电路组成的。在对单元电路进行分析时,要认准"两头"(即输入端和输出端),进而分析两端口信号的演变、阻抗特性,从而达到弄清电路作用、用途的目的。

各种功能的单元电路都有它的基本组成形式,而各单元电路的不同组合构成了不同类型的整机电路。在了解各单元电路信号变换作用的基础上,再来分析整机电路的信号流程,就能对整机电路的工作过程有个全面的了解。

(2) 化繁为简、器件为主

我们的识图对象通常是较复杂电子产品的电路原理图。要一下子读懂由成百上千个元器件组成的复杂电路确有困难,只要遵循化繁为简、由表及里、逐级分析的识图原则,读懂、走通电路就变得容易了。

化繁为简,即将复杂电路看成是由主要元器件组成的简单基本电路。而基本电路的核心又是各种电子器件,如放大器中的三极管、检波器中的二极管都是对电路工作原理起主要作用的器件。所以,在分析电路时要注意把握器件为主的要领。

(3) 找到电源、揪住地线

每个电子设备都少不了电源,每个电子电路的工作都需要由电源来提供能量。识图时找到电源,不仅能了解各电子电路的供电情况,而且还能以此为线索对电路进行静态分析。

对于检修来说,通常应了解电路中各点电压的情况,分析时要紧紧抓住地线,并以此作为测量各点电压的基准。

(4) 功能开关、走通回路

许多电子设备中都有控制其实现多种功能的功能开关。功能开关的切换可使电子设备工作于不同的状态,在其内部形成不同的工作回路。因此,读图时必须弄清功能开关在不同位置时的电路特点、工作情况。

识图能力的培养,不是一朝之功就能达到的。在熟练掌握基本识图知识的基础上,还必须勤于学习、勇于实践,摸索出行之有效的识图方法。

1.5.3 根据整机画电路图

在家用电器的维修过程中,时常会碰到没有任何技术资料的情况;特别是产品的电原理图,作为维修工作中的主要技术依据,其重要性是可想而知的。这就要求维修人员必须具备一定的读图能力,即根据实际电子产品的整机,画出相应的电原理图。

从产品实物到电原理图,绘图通常要经过以下几个步骤:

1. 确认产品的类型和型号

首先必须确认产品的类型,这是绘制电原理图的重要前提。目前,电子产品种类繁多,外形各异,结构复杂,必须经过认真观察来确认是何类电子产品,并尽可能确认其型号,这将给后续工作带来方便。

2. 描绘安装接线图

根据电子产品整机结构,描绘各元器件、零部件之间接线图的过程应注意以下几点:

① 根据各元器件的实物外形,确认其类型,切不可张冠李戴。

② 认真、细致地摸清整机结构中复杂导线的走向。不管整机中的导线多么繁杂,但均可分为 3 类:电源线、地线、信号线。因此,可以分门别类地描绘各导线的连接情况。

3. 根据安装接线图画出电原理图

为了更明确地表明电路原理和元器件间的控制关系,还必须在接线图的基础上画出其电原理图。对于所画的电原理图要尽量做到规范,即电路中的元器件用标准的电符号来替代;信号流程以水平方向从左至右;基本单元电路的各元器件相对集中。

1.6 家用电器维修方法

1. 检修原则:胆大心细、先简后难、先外后里

① 胆大:不怕困难,不怕麻烦,有信心、有耐心、有恒心去解决问题。

② 心细:不胆大妄为,小心谨慎,遇事多动脑子思考,多想办法,不盲动。

③ 先简:先解决或排除显而易见的问题,效率高,少走弯路。

④ 后难:排除其他问题后集中精力解决难题。

⑤ 先外：外即外表，直观易辨别的情况。

⑥ 后里：里即内部，不直观、繁杂、不易辨别的情况。

2．检测方法

（1）直观检查法：看、闻、问、切

利用人的感觉器官对有关器件的外表进行检查。

特点：不拆卸，不通电，一目了然，简单易行，行之有效。

但此法并非简单，人们熟视无睹的现象比比皆是。常说内行看门道，外行看热闹，要在行才能看出门道，即必须有理论基础。

1）看

看外表有无损伤，开关、按键、旋钮是否处于正确位置或损坏。

观察电路板及元器件有无破损、脱线、松动、虚焊、锈蚀、烧焦、冒烟，电解电容有无漏液、裂胀及变形等。

2）闻，即通过鼻子闻

常见的有烧焦味、臭氧味等异味。

闻，还有听的意思。

听，是否有吱吱声、嗡嗡声等异常响声。

3）问，即询问用户

询问故障产生的前因后果，如是否有雷击、摔坏、潮湿、久置不用等客观因素，还是自己或其他人拆卸检修等人为因素。

通过询问做到心中有数，减少盲动性，检修时才有针对性、才能有的放矢。

4）切，中医的切脉，是用手去感受患者的脉搏

我们可用手去感受元器件的状态，如冷、热、振动及松动等。

这里"切"可广义地看成是利用各种手段的检查。

（2）清洁法

清扫机内灰尘，必要时用无水酒精清洗，再吹风、烘干。

此法简单有效，因为灰尘极易引起短路、阻塞与锈蚀等，如板面灰尘或污垢、按键污垢、磁头（录音与录像）污垢、电位器和开关污垢等。

工具：毛刷、吹风、橡皮、纸币、清洁剂及刀片等。

（3）万用表检查法

1）电阻测量法

电阻测量法是利用万用表电阻挡去测量电路或元器件的电阻值来判断故障的方法。此法最常用，也最安全。

① 注意事项：电阻测量法首先应断电测量。

② 测量种类：分为在路电阻测量和开路电阻测量。

③ 应用：

Ⅰ：测电阻、电感、电路通断、接触电阻等；

Ⅱ:测电容(充放电);

Ⅲ:测 PN 结正反向电阻(二极管、三极管、集成电路等)。

2)电压测量法

电压测量法是利用万用表电压挡去测量电路或元器件的电压值来判断故障的方法。此法因操作简便而在检修中使用最多。

ⓐ 测量种类

Ⅰ:交流电压测量,AC 挡主要测市电及整流前各级电路;

Ⅱ:直流电压测量,电子设备基本上为直流供电。

ⓑ 直流电压测量法的注意事项

Ⅰ:注意选挡、量程以及极性;

Ⅱ:电压测量采用并联方式,如图 1.6.1 所示。

ⓒ 直流电压测量法的应用

Ⅰ:测电源电压(核对参考值、比较值或稳压值);

Ⅱ:测二极管(锗 0.3 V,硅 0.7 V);

Ⅲ:测三极管工作点(核对参考值、比较值);

Ⅳ:测集成电路引脚(核对参考值、比较值)。

电压过高可能是负载开路或高压端漏电,电压过低可能是负载短路或对地漏电。

3)电流测量法

电流测量法是利用万用表电流挡去测量电路或元器件的电流值来判断故障的方法。此法因需要串联接入电路中,使用较少,但有时十分有效(如判断漏电、过载等)。

ⓐ 测量种类

Ⅰ:交流电流测量,AC 挡主要测市电及整流前各级电路;

Ⅱ:直流电流测量,电子设备基本上为直流供电。

ⓑ 直流电流测量注意事项

Ⅰ:注意选挡、量程(由大到小)以及极性;

Ⅱ:注意电流测量采用串联方式,如图 1.6.2 所示。

图 1.6.1　电压测量并联方式

图 1.6.2　电流测量串联方式

ⓒ 直流电流测量的应用

Ⅰ:测整机电源电流(核对参考值或比较值);

Ⅱ:测元器件工作电流。

电流过小可能是负载开路,电流过大可能是负载短路或对地漏电。

(4)示波器检查法

示波器检查法是利用示波器观察信号通路各测试点,根据波形的有无、大小和是否失真来判断故障的一种检修方法。

1) 应用

示波器法的特点在于直观、迅速有效。有些高级示波器还具有测量电子元器件的功能,为检测提供了十分方便的手段。用示波器观察晶体管或集成电路相关脚的波形和图纸,并与资料上的波形相比较,从而观察出其波形是否正确或失真与否。

2) 注意事项

① 通过示波器可直接显示信号波形,测量值是信号的瞬时值。

② 不能用示波器去测量高压或大幅度脉冲部位,如电视机中显像管的加速极。

③ 当示波器接入电路时,注意它的输入阻抗的旁路作用,通常采用高阻抗、小输入电容的探头。

④ 示波器的外壳和接地端要良好接地。

(5) 其他检查方法

1) 元件替换法

从理论分析或实践经验找到故障对象,但由于测量条件所限无法准确判断。例如,三极管的放大倍数低、软击穿、电容的容量变小以及元件的热稳定性差等难以用万用表检测时,用好的元件进行替换就显得非常必要和省事。

电阻、电容有时可并联检查,如图 1.6.3 所示。

2) 加温、冷却法

加温、冷却法主要针对因元件热稳定性差引起的故障。

加温法是有针对性地对某些元件进行加温(使用电烙铁或电吹风等),迫使故障明朗化(有时也可能通过加温使故障现象得到改善),从而使有故障的元件浮出水面。

冷却法与加温法相反,是有针对性地对某些元件进行冷却降温(擦无水酒精或吹冷风等),改善热环境使故障现象得到改善或消失,从而找到相应的故障元件。

3) 敲击法

敲击法主要用来查找虚焊、裂纹等接触不良的故障现象。

通过敲击(或者轻轻晃动、扭动)不同部位或元器件,同时观察故障现象,从而找到损坏的元器件。但此法要注意用力适当,以免造成新的故障。

4) 信号注入法

信号注入法是根据各部分电路的前后连接关系,逐级注入信号,看最终的输出或本级输出有无反应来判断故障部位。

① 人体感应干扰法:利用人体感应信号,通过手拿起子的金属部分(注意是高电压,小心触电)逐级碰三极管基极等关键点,听扬声器有无感应的声响、看屏幕有无干扰信号。

② 标准信号注入法:利用信号发生器,逐级注入相应的信号,通过示波器、毫伏表等仪器进行观测,从而找到故障部位,如图 1.6.4 所示。

5) 短路法和开路法

利用电容(中、高频用小电容,低频用大电容)将疑点短路到地来排除故障。

利用基极对地短路的办法来逐级查找通道中的自激。

利用开路负载的方法来判断短路性故障。

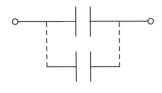

图 1.6.3 电容并联检查

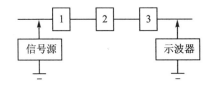

图 1.6.4 标准信号注入法

3. 故障检修注意事项

(1) 切忌盲目检修,检修应做到有的放矢,心中有数

① 不能盲目拆机:应先弄清楚是外部原因还是内部原因后再决定是否拆机,以免浪费时间和增加故障。

② 不能盲目拆卸元器件:以免损坏元件和造成新的故障。

③ 拆卸时应做好相应的记录:不能丢失和混淆各种部件,从而弄错元器件以及导线的安装位置与方向。

④ 不能盲目调整:调整时应做好相应的记录,用力适当,对故障无作用时应调回至原位。

(2) 切忌野蛮检修

① 不能野蛮装卸:用力应适当,切忌用力拉、扯和撬。

② 不能野蛮调整:用力应适当,切忌用力过大引起破损。

(3) 切忌短路

① 严禁底板造成短路;

② 避免碰倒元件造成短路;

③ 避免焊锡或残渣造成短路;

④ 带电操作,应确保安全和绝缘,避免造成短路。

(4) 注意环境的安全

检修场所除注意整洁外,室内要保持适当的温湿度,场地内外不应有激烈的振动和很强的电磁干扰,检修台必须铺设绝缘胶垫。工作场地必须备有消防设备,灭火器应适用于灭火,且不会腐蚀仪器设备(如四氯化碳灭火器)。

检修 MOS 器件时,由于 MOS 器件输入阻抗很高,容易因静电感应高电势而被击穿,因此,必须采取防静电措施。操作台面可用金属接地台面,最好使用防静电垫板,操作人员须手带静电接地环。使用或存放 MOS 器件时不能使用尼龙及化纤等材料的容器,周围空气不能太干燥,否则各种材料的绝缘电阻会很大,会造成静电的产生和积累。

(5) 供电设备的安全

供电的电源开关、保险丝、插头、插座和电源线等,不能有带电导体裸露部分,所用电器材料的工作电压和工作电流不能超过额定值。

(6) 注意测量仪器的安全

测试仪器设备的外壳易接触的部分不应带电,非带电不可时,应加绝缘覆盖层来防护;仪器外部超过安全低电压的接线柱及其他端口不应裸露,以防止使用者触及。

仪器及附件的金属外壳都应良好接地,与机壳相通的接线柱的标志为"⊥",接大地时的标记为"⏚"。不与机壳通用的分用接线柱或插孔的标志为"＊"。仪器电源线必须采用三芯的,地线必须与机壳相连,电缆长度应不短于 2 m,电源插头外壳应采用橡皮或软塑料绝缘材料。

(7) 注意操作安全

接通电源前,应检查电路及连线有无短路等情况。接通后,若发现冒烟、打火、异常发热等现象,应立即关掉电源,由维修人员来检查并排除故障。

检修人员不允许带电操作,若必须和带电部分接触,则应使用带有绝缘保护的工具操作。检修时,应尽量学会单手操作,避免双手同时触及裸露导体,以防触电。更换元器件或改变连接线之前应关掉电源,滤波电容应放电完毕后再进行相应的操作。

习题 1

一、填空题

1. 按照电热转换方式来区分,电热器具可分为＿＿＿＿＿、＿＿＿＿＿、＿＿＿＿＿、＿＿＿＿＿。

2. 电热器具的基本结构主要有＿＿＿＿、＿＿＿＿及＿＿＿＿。

3. 常用的温控元件有＿＿＿＿、＿＿＿＿、＿＿＿＿和＿＿＿＿。

4. 功率控制的方法主要有＿＿＿＿、＿＿＿＿、＿＿＿＿。

5. 家用电器检修原则:＿＿＿＿、＿＿＿＿、＿＿＿＿。

二、选择题

1. 电热器具的热效率可达(　　)。
   A. 65%～90%　　　B. 15%～20%　　　C. 40%～50%　　　D. 90%～95%

2. 热量的单位为 J(焦耳),也可用 cal(卡)。J 换算成 cal 时,乘以常数(　　)。
   A. 0.45　　　　B. 0.24　　　　C. 1.45　　　　D. 1.24

3. 单相电容运转式异步电动机的定子有主绕组和副绕组,它们空间位置的电角度相差(　　)。
   A. 45°　　　　B. 60°　　　　C. 90°　　　　D. 180°

4. 表明设备组成部分、各部分之间关系及信号的流程和演变过程的图称为(　　)。
   A. 电路原理图　　B. 方框图　　　C. 装配图　　　D. 安装图

5. 针对因元件热稳定性差引起的故障而采用的检测方法是(　　)。
   A. 信号注入法　　B. 敲击法　　　C. 加温、冷却法　　D. 元件替换法

第 **2** 章

常用电热器具

2.1 电热水器

2.1.1 电热水器的类型

电热水器是利用市电通过电热元件对水加热的热水器。电热水器的品种和规格很多,分类的方法也有很多。

1. 按加热的方式分类

按对水的加热方式,可以分为储水式和流动式(即热式)两种。储水式电热水器用电热器件把储存在水箱内的冷水加热到需要的温度后供人们使用;流动式电热水器则让冷水直接流过电热器件,且在流动过程中被加热至所需的温度。

2. 按电热元件的位置分类

按电热器上所用电热元件的安装位置,可以分为内插式和外敷式两种。如将电热元件安放在水中,即为内插式;如将电热元件包敷在水箱的外面,则为外敷式。

2.1.2 储水式电热水器

1. 储水式电热水器的基本结构

储水式电热水器一般由箱体系统、制热系统、控制系统和进/出水系统 4 大部分构成。图 2.1.1 为储水式电热水器的结构示意图。

(1) 箱体系统

箱体由外壳、内胆、镁阳极、炉膛和保温层等构成,起到储水保温的作用。

外壳是电热水器的基本框架,大部分部件都安装或固定在上面;所用材料有塑料、冷轧板和彩板等。

内胆是盛水的容器,又是对水加热的场所。内胆的材料有镀锌板、不锈钢板和钢板内搪瓷等几种。

镁阳极是一根金属棒,又称阳极镁块,主要用来保护金属内胆(阴极)不被腐蚀和阻

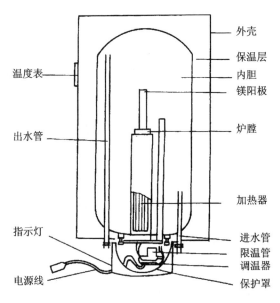

图 2.1.1 储水式电热水器的结构图

止水垢的形成。镁是一种化学性能比较活泼的金属,其原子结构外层的两个容易失去的电子易与酸根相结合生成可溶性盐。当水呈酸性时,它会首先与水中的酸根发生作用,或者说它先被腐蚀。水中酸根与镁作用后生成镁盐,水的酸度也随之降低,保护了内胆的铜或钢铁的镀锌层不被腐蚀破坏。

保温层处于外壳与内胆之间,作用是减少热损失,一般采用聚氨酯发泡、玻璃棉、纤维、毡和软木等。

炉膛用于安装加热器和限温管。

(2) 制热系统

电热水器采用的电热元件多是管状结构,为提高热效率,直接放在水中加热;形状可根据内胆结构弯成 U 形或其他形状。电加热管在通电后,其内部高电阻电热合金丝发热,通过金属管内的绝缘填充料导热至金属套管,起加热作用。金属护套管常见为不锈钢管或铜管。

电加热管使用时间一长,表面容易结污垢,不仅影响发热效果,而且会产生漏电现象。为此,部分厂家将热水器的电热元件改为高压耐热的陶瓷发热器,如图 2.1.2 所示。间接加热内胆中的水(通电后,首先预热周围的空气,然后通过钢板对水加热)使水电分离,不仅无漏电之忧,且可超快速加热,如图 2.1.3 所示。

(3) 控制系统

电热水器的控制系统主要包括温控器、漏电保护器和过热保护器。

1) 温控器

电热水器中使用的温控器有双金属片温控器、蒸气压力式温控器和电子温控器。图 2.1.4 所示是压力式温控器结构,根据水温高低控制加热器 220 V 供电电路的通断,

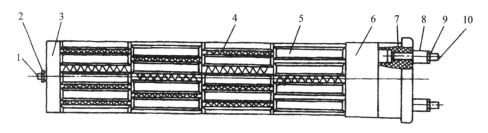

1—连接杆;2—螺母;3—保护块;4—电阻丝;5—加热芯;
6—隔热块;7—瓷帽;8—垫圈;9—螺母;10—螺钉

图 2.1.2　陶瓷加热器结构图

实现水温控制。控制范围从常温到 85℃,常见于机械控制式热水器。

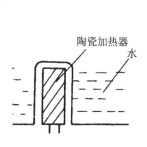

图 2.1.3　陶瓷加热简图

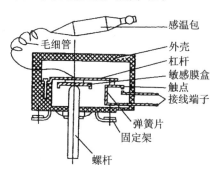

图 2.1.4　压力式温控器内部结构示意图

图 2.1.4 所示触点处于断开位置。在螺杆向上旋至极限位置时,螺杆把敏感膜盒向上挤压到极限位置,致使杠杆向上,弹簧片跳开,这样弹簧片带动触点与接线端子断开,电路处于开路状态。当螺杆向下旋转至一定位置时,敏感膜盒向下移动,杠杆下移,弹簧片下移,弹簧片带动触点与接线端子闭合。电热水器通电加热,温度不断升高。感温包内的感温剂膨胀,压力不断升高,并通过毛细管传至敏感膜盒,使膜盒在螺杆方向向上移动,抬高杠杆,弹簧片向上跳起,切断电源。反之,当温度下降时,膜盒内的压力下降,膜盒向下移动,迫使杠杆下移,压迫弹簧片,将电路接通,再次加热。如此周而复始,达到加热保温的目的。

2) 漏电保护器

外置式漏电保护器如图 2.1.5 所示。热水器上使用的是漏电保护插头或漏电熔断器,漏电保护电流有 10 mA、15 mA、30 mA 几种。超过设定值,漏电保护器或漏电熔断器动作,动作时间不小于 0.1 s。漏电保护器或漏电熔断器为整机漏电的保护部件,即热水器整机电路中,任一电器部件的漏

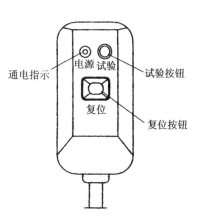

图 2.1.5　外置式漏电保护器

电电流超过上述值时,漏电保护器或漏电熔断器都会跳闸。

漏电保护器的工作原理:正常情况下,即不漏电情况下,插头中火线(L 线)与零线(N 线)之间的电流差应为零,这样插头不跳闸;反之,如果系统漏电,则插头中火线与零线之间的电流差必然不为零,如果两者相差大于额定值,则插头会检测到这一信号,使之断路。

图 2.1.6 是漏电保护器的典型电路。该漏电保护器具有漏电保护和过压保护等功能。

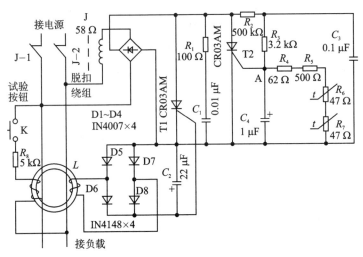

图 2.1.6　漏电保护器电路原理图

工作原理:正常情况下,电源两根进线的电流相等,传感线圈 L 两端无感应电压输出。当负载出现偏电(漏电电流达 10 mA)时,由于两电源线电流不平衡,L 产生感应电势,经 D5~D8 桥式整流,C_2 滤波输出直流电压触发可控硅 T1 导通,并联在电源进线两端的脱扣绕组得电吸合,其常闭触点 J-1、J-2 释放,从而断开负载电源,起到保护作用。

当电源电压过高(280 V)时,经 D1~D4 桥式整流的直流电压升高,R_2~R_7 分压器电压升高使可控硅 T2 触发导通,脱扣绕组得电,J-1、J-2 释放,从而实现对负载的过压保护。

3)过热保护器

过热保护器的结构和工作原理与压力式温控器基本相同。唯一不同的是,过热保护器无调节手柄,其动作温度出厂后不能调节,它的设置温度为 95 ℃,为二级温度保护装置;即在温控器失效常通时,热水器一直通电加热,直至内部水温达到 95 ℃,过热保护器才会自动断开,且不能自动复位(须按动按钮手动复位)。

(4) 进/出水系统

进/出水系统由进/出水管、混合阀、安全阀和淋浴喷头等组成。

1) 混合阀

混合阀的结构如图 2.1.7 所示。由图可知,热水器内胆出水管、混合阀、喷头和大气相通,不受混合阀及冷、热阀门控制胆内压力限制,故称为出口敞开式。

如图 2.1.7 所示,单独打开右侧红点热水旋阀,自来水经出水管、混合阀、喷头流出热水,出水压力由热水旋阀控制;单独打开左侧蓝点冷水旋阀,自来水直接经混合阀由喷头流出冷水,出水压力由冷水旋阀控制。同时打开冷/热水旋阀时,冷水和热水在混合阀出水口混合,适当调节冷热水旋阀大小,可得到所需水温。

2)安全阀

安全阀有 3 个作用:① 达到一定压力后安全泄压。② 反向截止作用,即冷水只能进入内胆。内胆里的水不能从进水口流出,它防止自来水停水时内胆里的水倒流到水管中,引起加热管干烧,损坏发热管。③ 热水排空时使用。

FCD 安全阀结构如图 2.1.8 所示。其工作原理如下:在自来水作用下,反向截止阀弹簧被压缩,反向阀芯上移,自来水经安全阀进入内胆,反向阀芯与反向截止阀胶垫共同作用防止内胆内的水倒流。安全阀的工作原理和反向截止阀工作原理基本一样,若内胆内压力升高,超过安全阀设定的安全压力值,则安全阀弹簧被压缩,安全阀带动胶垫一起右移,过高的压力经安全阀排出,使内胆受到保护。压力调节盘是用来调节泄压的,该压力在出厂前就已经调好,维修过程中一般不允许改动安全阀的压力值。

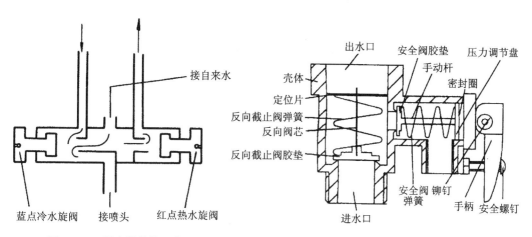

图 2.1.7 混合阀结构示意图　　　　图 2.1.8 FCD 安全阀结构图

2. 储水式电热水器的电路原理

(1) 机械式电热水器电路原理

图 2.1.9 是机械式电热水器典型电路图,由漏电保护插头、过热保护器、温控器、加热器串联在主电路中,加热指示灯并联在加热器上。

工作过程如下:温控器设置在加热位置,接通电源后,220 V 电压通过过热保护器、温控器对加热器和加热指示灯同时供电,加热器开始加热,指示灯发光表示当前处于加热状态。当水温达到温控器设定的温度时,温控器断开,并切断加热器 L 极(但加热管的 N 极并未断路,仍有漏电的可能)和指示灯供电通路,加热停止,同时指示灯熄灭。

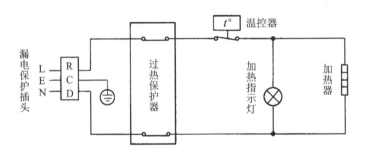

图2.1.9 机械式电热水器电路图

过一段时间后,内胆的水温降到低于温控器的低温动作点(低温动作点比设定温度低5℃左右)时,温控器自动接通,于是再次接通加热器和指示灯供电通路,开始重新加热。这样周而复始,使热水器水温始终保持在设定温度附近。

当机内无水或温度过高时,过热保护器断开,切断整机220 V供电,实现保护功能。

若热水器主线路板上任何电气部件漏电或其他原因漏电,则漏电保护插头就会动作,断开电源,停止工作。

(2) 电子式电热水器电路原理

图2.1.10是某电子式电热水器电路图。电位器P负责温度设置,负温度系数热敏电阻R_t负责温度检测,运算器LM324负责温度控制和防干烧保护控制,红灯为电源指示,绿灯为加热指示。

1) 加热过程

打开自来水开关,调节温度电位器设定好温度。打开电源开关K,220 V电压通过保险、电源开关K加到变压器初级,被变压器T降压后由次级输出交流14 V电压,经VD1、VD2全波整流,C_1滤波变换为直流电压,经R_{15}、VD7、VD4稳压为8.2 V作为LM324等运算器的工作电压。此时电源指示灯VD7导通而发亮,表示电源已经接通。

当水温低于设定温度时,热敏电阻R_t阻值较大,它与R_3对+8.2 V分压,对LM324的3脚提供的电压低于2脚的基准电压(由外接电位器等决定,在2.7~5.4 V),内部运算器据此令1脚输出低电平,使LM324的6脚电压低于5脚基准电压(4.1 V),内部运算器令7脚输出高电平,BG2饱和导通,驱动继电器J吸合其触点接通,接通加热管220 V供电,开始加热工作。另外,因BG2饱和导通,其发射极有电压输出,令VD8导通发亮,表示当前处于加热工作。

随着水温的升高,热敏电阻R_t阻值逐渐减小,使LM324的3脚电压逐渐升高,当3脚升高到大于2脚电压时,内部运算器据此判断水温达到了设定温度,令1脚输出高电平,使6脚高于5脚基准电压,使7脚输出低电平,BG2截止,继电器J和VD8同时终止工作,停止加热,加热指示灯熄灭。此时,LM324的1脚输出的高电平,还加到12脚令14脚输出高电平,驱动蜂鸣器鸣叫,提醒用户加热工作结束。

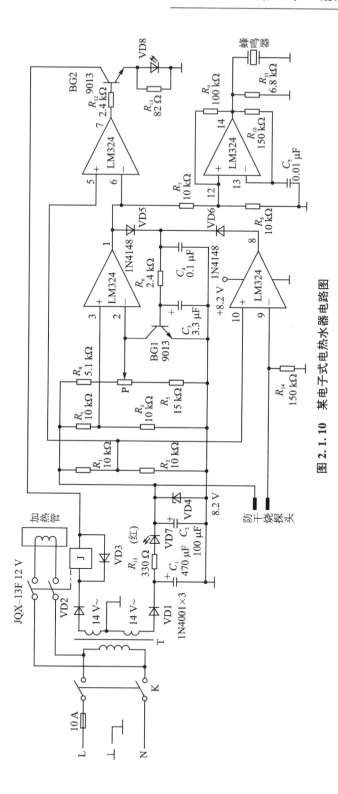

图 2.1.10　某电子式电热水器电路图

2)防干烧保护

在水位正常,+8.2 V 电压通过水、防干烧探头对 LM324 的 9 脚的电压高于 10 脚基准电压(4.1 V),内部运算器据此令 8 脚输出低电平,D6 截止,对其他电路的工作无影响。

在水位低于防干烧探头时,LM324 的 9 脚低于 10 脚基准电压,内部运算器令 8 脚输出高电压,通过 VD6、R_6 使 BG1 饱和导通,将 LM324 的 2 脚钳位于近 0 V,导致 3 脚电压高于 2 脚,内部运算器令 1 脚输出高电压,即停止加热,蜂鸣报警,从而防止热水器干烧并鸣叫提示用户。

3. 储水式电热水器常见故障与检修

储水式电热水器的常见故障与检修如表 2.1.1 所列。

表 2.1.1　储水式电热水器的常见故障与检修

故障现象	可能产生原因	检修方法
出水不热	冷热水调节不当 电源未接通 电加热器损坏 温控器损坏	适当调节冷热水阀的开度,使出水温度适合使用 调整电源插头或开关,使其接触良好 用万用表电阻挡测量电热元件电阻值,若电阻为无穷大,说明电热元件损坏,应更换 更换温控器
出水温度太高	冷热水调节不当 温控器旋钮调节不当或触点粘连	适当调节冷热水阀的开度 先对温控器进行调整,然后修理触点,必要时更换温控器
漏水	管道连接处漏水 安全阀接口漏水	重新安装管道接口,应在自来水管道上设置减压阀 应重新拧紧和密封安全阀
进水困难	脏堵 汽堵 供水压力不正常	清理管路,冲出脏物或清洗滤网 将调温器调到最小位置或切断电源,排出蒸气,检修温控器及热水阀脏堵处,进行调整与清洗 待水压正常后,故障自行消失
出水带电	出水口接地失效 电热元件绝缘损坏 内部导线绝缘层损坏,搭接在外壳或内胆上	重新接好接地线 更换电热元件 检查导线绝缘层损坏的部分,进行更换

2.1.3　速热式电热水器

速热式电热水器一般在接通电源、开启水阀后,仅需十几秒就会有充足的热水流出,因此也称流动式或即热式电热水器。

1. 基本结构

速热式电热水器主要由外壳、内腔、电热元件、压力开关和温度控制等部分组成。

（1）外壳

外壳一般采用塑料制作,有的采用经过防锈处理的金属制成。

（2）内腔

内腔用不锈钢、铜或能承受一定温度和压力的塑料制成。腔内盛放电热元件和水。按内部结构情况不同,分为腔体式和水槽式两种。

（3）电热元件

电热元件多采用管状结构,形状可根据水腔结构弯成 U 形或其他形状,金属护套管常见为不锈钢管或铜管;有的速热式电热水器采用裸露的电热丝作为电热元件,并与外壳绝缘。水槽式电热水器电热元件放置在加热槽板（见图 2.1.11）的蛇形槽中。

（4）压力开关

图 2.1.12 为压力开关的结构图。压力开关一般位于进水管处,其实质是一只压力继电器,只有当水流过产生压力时,才能推动弹性薄膜将电路接通。水压过低或使用中途断水时,薄膜会自动复位,电路断开,以保护电热元件。

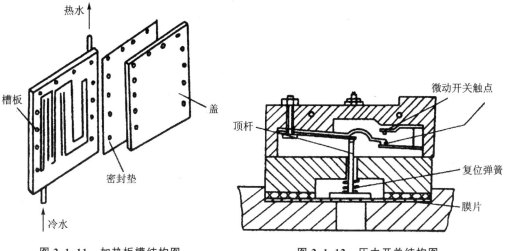

图 2.1.11　加热板槽结构图　　　　图 2.1.12　压力开关结构图

（5）温度控制

速热式电热水器的输出水温是由电热元件的耗电功率和水流量来决定的。在水流量一定的情况下,采用转换开关（功率调节器）来改变电热元件的串、并联关系,从而调节功率大小,改变水温。也可采用电子线路控制通过电热元件的电流大小,从而达到温度控制的目的。

较先进的电热水器还具有独特的 4 种保险功能:漏电保护器保险、温度控制保险（超过设定温度时,自动切断电源）、极限温度保险（如发生机内无水空烧时,自动切断电源）和接地线保险（配有三相插头自动接地）,并可连续 24 h 保持恒温。

2. 工作原理

速热式电热水器电路有多种。下面以爱拓升 STR－30T－5 型微电脑控制式快速电热水器电路为例进行介绍。该电路由控制电路和供电电路等部分构成。

(1) 供电电路

供电电路由电源电路和继电器、漏电检测电路等构成,如图2.1.13所示。

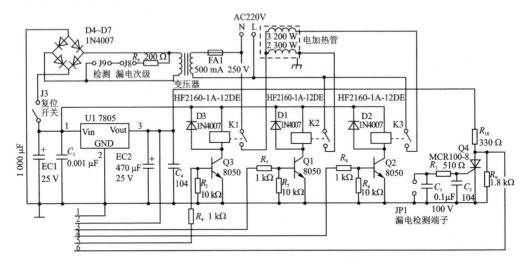

图 2.1.13　爱拓升 STR - 30T - 5 型微电脑控制式快速电热水器供电电路

220 V市电电压除了通过继电器为加热器供电,还通过熔断器F1、变压器、D1~D4组成的桥式整流堆、复位开关J3、滤波电容EC1、C_3,产生12 V直流电压。这12 V直流电压不仅为继电器的线圈供电,而且通过稳压器U1(7805)稳压输出5 V电压;5 V电压不仅送到漏电保护电路,而且通过连接器的2脚输出到控制电路板,为CPU等电路供电。

(2) 控制电路

该机的控制电路主要由CPU(S3F9454BZZ - DK94)及其外围元件组成,如图2.1.14所示。

1) S3F9454BZZ - DK94 的引脚功能

引脚功能如表2.1.2所列。

表 2.1.2　S3F9454BZZ - DK94 的主要引脚功能

引　脚	功　能	引　脚	功　能
1	接地	8	继电器驱动信号输出
2	蜂鸣器驱动信号输出	9	空引脚
3	水流开关控制信号输入	10	保护信号输入
4	键扫描脉冲输出	11~18	显示屏控制信号输出
5	显示屏控制信号输出	19	温度检测信号输入
6	指示灯控制信号输出	20	供电
7	继电器驱动信号输出		

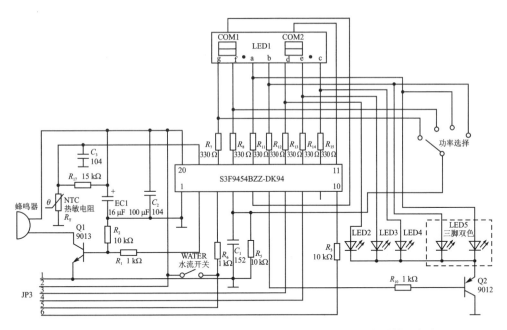

图 2.1.14 爱拓升 STR - 30T - 5 型微电脑控制式快速电热水器控制电路

2）CPU 工作条件电路

电源电路工作后,5 V 电压经 EC1、C_2 滤波后加到 CPU 供电端 20 脚,为内部电路供电。CPU 获得供电后,内部的振荡器产生时钟信号,同时内部的复位电路开始工作,从而使它内部的存储器、寄存器等电路清零复位后开始工作。

3）操作控制电路

CPU 的 4、15~18 引脚外接的功率选择开关,通过该开关可选择电热水器的加热功率。

4）蜂鸣器驱动电路

该机的蜂鸣器电路由蜂鸣器、CPU 等构成。每次进行操作时,CPU 的 2 脚输出的蜂鸣器驱动信号通过 R_1 限流,Q1 倒相放大,驱动蜂鸣器鸣叫,提醒用户电热水器已收到操作信号,并且此次控制有效。

（3）加热电路

加热电路由 CPU、放大管 Q1~Q3（见图 2.1.13）、继电器 K1~K3、电加热管、温度传感器（负温度系数热敏电阻）、水流开关（压力开关）等构成。

用水时水流开关 WATER 接通,它不仅通过 R_6 为 CPU 的 3 脚提供水流正常的控制信号,而且通过 R_4 限流使 Q3 导通,为继电器 K1 的线圈供电,使 K1 内的触点吸合,接通电加热管的公共线路。同时,CPU 的 7 脚输出的高电平控制信号通过 R_7 限流,Q1 倒相放大,为继电器 K2 的线圈供电,使 K2 内的触点吸合,接通 2 300 W 电加热管的供电回路,使它开始发热。CPU 的 8 脚输出的高电平控制信号通过 R_8 限流,Q2 倒相放大,为继电器 K3 的线圈供电,使它的触点吸合,3 200 W 电加热管获得供电后开始发热,同时 CPU 控制指示灯发光,表明该机处于加热状态。罐内的水温随着加热管的不断加热而升高,当水温达到设置的温度后,温度传感器的阻值减小到设置值,并加到 CPU 的 19 脚后,CPU 将该电压值与它内部存储的某个电压值进行比较就可以识别出内胆水的温度。控制 7、8 脚输出低电平控制信号,使放大管 Q1、Q2 截止,继电器 K2、K3 内的触点释放,加热管停止加热,同时控制保温指示灯发光,表明该机进入保温状态。随着保温时间的延长,水的温度逐渐下降,当温度下降到一定值后,R_T 的阻值增大,使 CPU 的 19 脚电位升高到设置值,被 CPU 识别后控制该电热水器再次进入加热状态。重复以上过程,电热水器就可以为用户提供所需的热水。

(4) 漏电保护

漏电保护电路由单向晶闸管 Q4、CPU 等构成。当该机因加热管破裂等原因发生漏电时,安装在市电输入回路的电流互感器(该机未安装)产生的感应电压经 R_1 限流,C_2 滤波后触发 Q4 导通,使 CPU 的 10 脚电位变为低电平,被识别后 CPU 输出控制信号使继电器停止工作,切断电加热管的供电回路,加热管停止加热,从而实现漏电保护。

2.2 电暖器

现在市场上的电暖器品种比较多,根据发热体基本发热原理分为电热丝发热体、金属管发热体、石英管发热体、卤素管发热体、碳素纤维发热体和 PTC 陶瓷发热体、导热油发热体;此外,还有金属发热体(铝片散热)和蓄热式发热体。

(1) 电热丝发热体

以电热丝发热体为发热材料的电暖器是市场上较多和较传统的暖风机,发热体为电热丝,利用风扇将电热丝产生的热量吹出去。再有就是现在市场上的新产品:酷似电扇外形,由电热丝缠绕在陶瓷绝缘座上发热,利用反射面将热能扩散到房间。这种电暖器同电扇一样,可以自动旋转角度,缺点是停机后温度下降快,供热范围小,长期使用时电热丝容易发生断裂。

图 2.2.1 为电热丝暖风机的结构示意图。

(2) 金属管发热体

此类产品外形与前面提到的电热丝电暖器一样,酷似电扇,采用金属管发热,利用反射面将热能扩散到房间,具有防跌倒开关、自动摇头、手动调节俯仰角度、取暖范围大的特点,而且表面防护罩对人体不会造成烫伤。采用这种设计避免了电热丝电暖器的电热丝容易断裂和卤素管电暖器中卤素管易损耗的弊病,但同电热丝电暖器一样,缺点是停机后温度下降快,须持续工作。

(3) 石英管发热体

该类产品主要由密封式电热元件、抛物面或圆弧面反射板、防护条、功率调节开关等组成。该类产品将石英辐射管作为电热元件,利用远红外线加热节能技术,使远红外

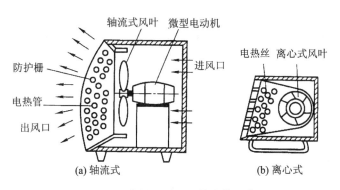

图 2.2.1　电热丝暖风机的结构示意图

辐射元件发出的远红外线被物体吸收,直接变为热能而达到取暖目的,同时远红外线又可对人体产生理疗作用。该电暖器装有 2～4 支石英管,利用功率开关使其部分或全部石英管投入工作。石英管由电热丝及石英玻璃管组成。石英管电暖器的特点是升温快,但供热范围小,易产生明火,且消耗氧气。虽然价格较低、销售不错,但用户已明显呈下降趋势。

图 2.2.2 为某立式石英管电暖器外观图。

(4) 卤素管发热体

卤素管是一种密封式的发光发热管,内充卤族元素惰性气体,中间有钨丝分白、

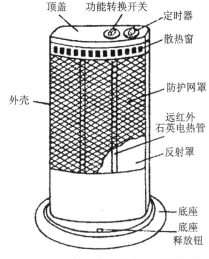

图 2.2.2　某立式石英管电暖器外观

黑两种(由于白钨丝造价比黑钨丝高得多,所以市场上没有普及)。卤素管具有热效率高、加热不氧化、使用寿命长等优点,而且有些机型还附加定时、旋转、加湿等功能。卤素管电暖器是靠发光散热的,一般采用 2～3 根卤素管作为发热源。卤素取暖器又称远红外线电暖气。

(5) 碳素纤维发热体

碳素纤维发热体一般由碳素纤维和 100％棉纤维纺织而成。碳素纤维是一种具有高强度、高模量、耐高温、抗疲劳、耐腐蚀、防水、抗蠕变、导电、导热等诸多优异性能的新型发热体。发热时产生对人体健康极为有益的远红外线热辐射,通电后,碳素纤维发热体将 99.9％的电能转换成远红外线热辐射,电磁波为 0。此类产品是采用碳素纤维为发热基本材料制成的管状发热体,利用反射面散热。整体成立式直筒型和长方形落地式:直通式一般采用单管发热,机身可自动旋转,为整个房间供暖。打开电源后升温速度奇快,在 1～2 s 后机体已经感到烫手,5 s 表面温度可达 300～700℃。图 2.2.3 为管式碳纤维发热体外观图。

上面介绍的 5 种发热原理的电暖器外观都极为近似，内部结构略有不同，使用方法基本相同。从工作表现上看，卤素管电暖器采用发光散热，所以当开启开关后 2 s 左右，距离机体 10 cm 处就能感觉到温度猛增，升温十分迅速。碳素纤维发热电暖器同卤素管电暖器近似，升温速度极快，瞬间可感觉到热量。电热丝电暖器、石英管电暖器和金属管发热电暖器相对来说升温速度要稍慢一些，这是因为它们都同样需要将电能转换成热能，当发热介质产生足够的高温后，再由反射板将热量扩散。开启开关后，在 6～10 s 后，距离机体 10 cm 处就能感觉到热浪袭来，升温也比较迅速。从使用效果来看，体积小巧、质量轻、移动方便、升温迅速是这几款电暖器的显著特点；但是都有着共同的缺点，就是方向性非常强，在所照射的方向热量传播到位，一旦离开照射角度，温度下降快，而且热能的穿透力差，几乎在机体与人体之间隔一张纸，就感受不到温度的变化。总体来说，这几款产品主要针对 6～10 m² 面积较小的居室，为达到室内升温的目的需要长时间开启。

(6) PTC 陶瓷发热体

PTC 陶瓷发热体元件是将 PTC 电热体与陶瓷经过高温烧结制成的。PTC 发热元件是一种具有正温度系数的热敏电阻，作发热元件时，工作温度设计在它的居里温度以上。由 PTC 器件组成的发热元件具有自动温度控制功能。当温度升高到居里温度以上时，其阻值会变得很大，从而使电流降至很小值，这样便使加热温度自动保持在居里温度左右。这种电暖器在工作时不发光、无明火、无氧耗、送风柔和，具有自动恒温功能。

图 2.2.4 为某 PTC 暖风机外观图。图 2.2.5 为其电路图。工作过程如下：按使用说明，首先沿顺时针方向将温控器调到最大，这时 220 V 电压仅对指示灯电路供电，指示灯亮，表示电源已接通。然后顺时针将挡位旋转到"风扇"位置，这时挡位开关Ⅰ接通，220 V 电压通过跌倒开关、可调温控器加到电机罩极 M1 两端，罩极电机运转，带动扇叶吹风。在确认送风正常的情况下，调节挡位旋钮至加热位置，这时挡位开关将Ⅰ、Ⅱ（或Ⅲ）接通，使 220 V 电压通过挡位开关等同时对罩极电机、PTC 发热体供电，开始送暖风。当室内温度上升到设定值时，温控器自动断开，切断整机 220 V 供电，停止加热和送风。

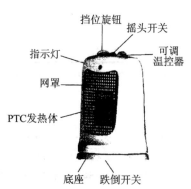

图 2.2.4　某 PTC 暖风机外观图

图 2.2.3　管式碳纤维发热体

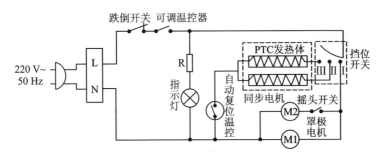

图 2.2.5　PTC 暖风机电路图

在制热期间,如果机内温度过热,自动复位温控器会自动断开,断开 PTC 加热器的 220 V 供电,停止加热,但送风工作继续进行。当机内温度下降到规定值以下时,自动复位温控器会自动接通,可继续进行制热工作。

如果按下摇头开关时,接通同步电机 220 V 供电,同步电机运转,开始摇头工作。

(7) 导热油发热体

此类产品就是市面最常见的油汀式电暖器。电热油汀电暖器又叫"充油电暖器",主要由密封式电热元件、金属散热管或散热片、控温元件、指示灯等组成。这种电暖器的腔体内充有 YD 型系列新型导热油。它的结构是将电热管安装在带有许多散热片的腔体下面,在腔体内电热管周围注有导热油。当接通电源后,电热管周围的导热油被加热、升到腔体上部,沿散热管或散热片对流循环,通过腔体壁表面将热量辐射出去,从而加热空间环境,达到取暖的目的。然后,被空气冷却的导热油下降到电热管周围又被加热,开始新的循环。这种电暖器一般都装有双金属温控元件,当油温达到调定温度时,温控元件自行断开电源。电热油汀电暖器的表面温度较低,一般不超过 85℃,即使触及人体也不会造成灼伤,具有安全、卫生、无烟、无尘、无味的特点。缺点是热惯性大,升温缓慢,焊点过多,长期使用有可能出现焊点漏油的质量问题。

油汀电暖气外形结构如图 2.2.6 所示。

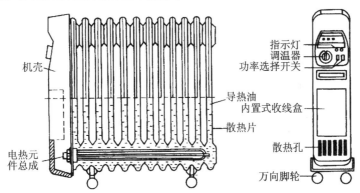

图 2.2.6　油汀电暖气外形结构

2.3 饮水机

2.3.1 家用饮水机的分类和规格

家用饮水机是一种新型的饮水电器,集热开水、温开水、红外线消毒等功能于一体,可对饮用水进行加热或制冷,具有无污染、饮水卫生及整机造型美观等特点。注入矿泉水或蒸馏水、纯净水后,接通电源即可获得理想的10℃以下的冷水或85～95℃的热水,适用于家庭及办公室等场所。

1. 家用饮水机的分类

① 按水源供应方式可分为:瓶装水(矿泉水、蒸馏水、纯净水)、自来水和瓶装水自来水两用型。

② 按加热方式可分为:直接加热和喷射加热两大类。

③ 按制冷方式可分为:半导体制冷(又称电子制冷)和压缩式制冷饮水机。

④ 按出水功能可分为:单热饮水机、冷/热饮水机、制热/保鲜饮水机和多功能饮水机。

⑤ 按功能控制方式可分为:机械控制、电子控制和微电脑控制3大类。

⑥ 按外部形状可分为:台式饮水机和立式饮水机。

2. 家用饮水机的规格

① 按储水容量可分为4 L、5 L、6 L、7 L、8 L、9.5 L、10 L、12 L和15 L等。

② 按加热功率可分为700 W、750 W、800 W、850 W、900 W、950 W和1 000 W等。

2.3.2 单热饮水机

1. 单热饮水机的基本结构

单热饮水机是一种提供常温水和热水的饮水机。常温水由水箱中常温水水龙头提供;热水由热罐制热后经热水水龙头提供,温度为85～95℃。

单热饮水机的结构如图2.3.1所示,它主要由箱体、常温水水龙头、热水水龙头、接水盘和加热器等部件组成。

单热饮水机加热部件的结构如图2.3.2所示。加热部件主要由热罐、电热管、温控器和保温壳等组成。热罐是一个盖式不锈钢热罐,内装卧式500 W不锈钢电热管,热罐外壁装有自动复位和手动复位温控器,保温壳盖好后,上下端各用扎线扎牢。加热部件一般安装在饮水机的左方底板面上。

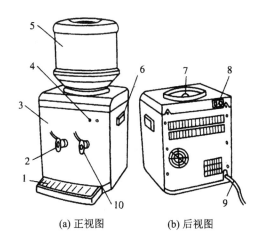

(a) 正视图　　　　(b) 后视图

1—接水盘;2—热水水龙头;3—箱体;4—加热、保温指示灯;

5—PC 瓶;6—提手;7—聪明座;8—加热开关;

9—电源线;10—常温水水龙头

图 2.3.1　单热饮水机的结构图

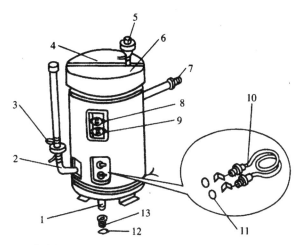

1—排水管;2—热罐进水管;3—进水单向阀;4—保温壳(前);

5—排气单向阀;6—保温壳(后);7—热水出水接头;

8—温控器 95℃;9—温控器 88℃;10—电热管;

11—硅橡胶密封圈;12—不锈钢卡环;13—胶塞

图 2.3.2　单热饮水机加热部件的结构

2. 单热饮水机的工作原理

单热饮水机一般面板有红、黄两个指示灯,红色的为加热指示灯,黄色的为保温指示灯,也有部分饮水机增加了绿色电源指示灯(此灯常亮);开水的温度视安装在水胆壳体的温控器而定,多数设定为85℃(纯净水可饮用温度)。

图 2.3.3 为某单热饮水机电路图。接上电源,按下加热开关,220 V 通过保险 FA1

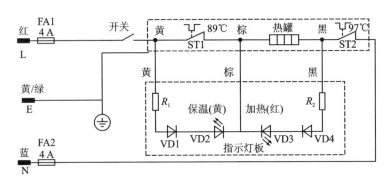

图 2.3.3　某单热饮水机电路图

和 FA2、开关、温控器 ST1、超热保护温控器 ST2,加到热罐两端,热罐开始加热,同时与之并联的 VD3 加热指示灯导通,加热指示灯亮表示当前处于加热状态。当水温加热至 89℃时,固定于加热器表面的温控器 ST1 断开,切断加热器的 220 V 电压供电,加热红色指示灯熄灭。这时,VD2 保温发光二极管通过 R_1、VD1、热罐与超温保护温控器 ST2 形成回路,黄色保温灯亮。在这个回路中,热罐阻值远远小于其他器件,其压降小,几乎不发热。

当内胆的水温下降到一定值时,温控器 ST1 自动闭合,再接通热罐进行加热,同时红色指示灯再次亮表示处于加热状态。如此,周而复始,使内胆的水温保持在规定值。

过热保护:当机内无水干烧导致热罐温度超过 97℃时,超热保护温控器 ST2 断开,切断整机 220 V 供电,从而达到保护目的。

2.3.3　冷/热饮水机

冷/热饮水机是一种提供常温水、冷水和热水的饮水机。一般采用电热方式制热,用 PN 半导体制冷(半导体制冷饮水机)或压缩式制冷(压缩式制冷饮水机)。

1. 半导体冷/热饮水机

(1) 基本结构

半导体冷/热饮水机多以台式为主,是在单热饮水机的基础上增加制冷部件制成的。半导体冷/热饮水机典型结构如图 2.3.4 所示,主要由箱体、加热部件、制冷部件、进/出水装置等部分组成。

加热部件由热罐、温控器、电热管和保温壳等构成,其结构同单热饮水机相似。

制冷部件(即冷胆容器)的典型结构如图 2.3.5 所示,主要由制冷轴、半导体制冷组件(制冷片)、散热器、直流永磁同步电机等组成。前后保温壳将内胆包裹起来用于保温;内胆装有制冷轴,轴端装有半导体制冷组件用于制冷;散热器安装在半导体制冷组件的热面,冷凝风机用螺钉固定在散热器上,强制吹风散热。

有的制冷部件安装有压力式温控器,压力式温控器的感温毛细管的头部插在前后保温壳夹口的小孔内,用于感受冷胆的制冷温度,控制温控器触点接通或断开电源;有的制冷部件则用热敏电阻来检测温度。

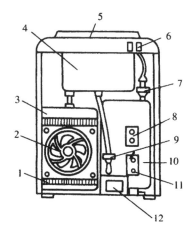

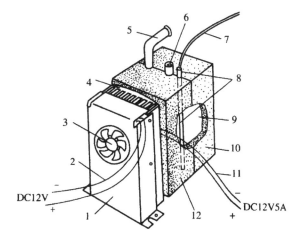

1—散热器；2—风机；3—冷胆；
4—水箱；5—聪明座；6—加热、制冷开关；
7—排气单向阀；8—温控器；9—进水单向阀；
10—热罐；11—电热管；12—变压器

图 2.3.4　半导体冷/热饮水机的结构图

1—电机支架；2—电机引线；3—直流永磁同步电机；
4—散热器；5—冷水出水管；6—进水管；7—温控器感温
毛细管；8—温控器套管；9—内胆；10—保温壳（前）；
11—半导体制冷组件引线；12—保温壳（后）

图 2.3.5　制冷部件结构图

半导体冷/热饮水机工作时，由水箱提供温水，进水分两路：一路进入冷胆容器，另一路进入热罐，经加热出热水，具体过程如图 2.3.6 所示。

（2）半导体制冷原理

半导体制冷原理图如图 2.3.7 所示。PN 半导体制冷片制冷原理为：一个 P 型半导体和一个 N 型半导体元件连接成电偶对，若在此电路上接直流电压，则电流流过电偶对时，就会发生能量转移。电偶对的一个接头（即热端）放出热量，另一个接头（即冷端）吸收热量。冷端紧贴在吸热器冷罐壁上对水进行冷却，热端散发的热量通过电风扇吹向室内。制冷片两端电压高，则制冷强，反之相反。

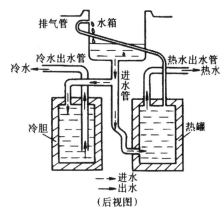

图 2.3.6　半导体冷/热饮水机水流向图

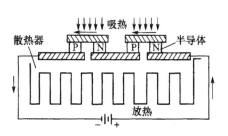

图 2.3.7　PN 半导体制冷原理图

(3) 典型电路

图 2.3.8 为某电子控制式半导体冷/热饮水机电路。左上部电加热管 EH、加热温控器 ST1、防干烧温控器 ST2 组成加热电路;图中部的 PN 制冷片、风扇电机 M 组成制冷电路;图下部的热敏电阻 R_1、比较器 IC 负责制冷温度控制。接通电源后,电源指示灯 LED1 得电发光,表示饮水机电源已经接通。

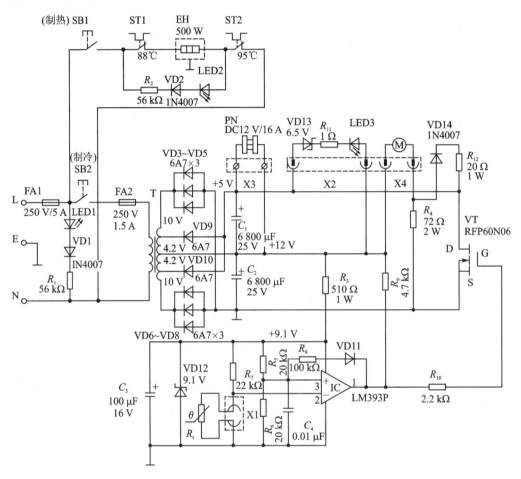

图 2.3.8 某电子控制式半导体冷/热饮水机电路图

1) 加热及保温控制

插上电源,如果按下制热开关 SB1,220 V 电源电压通过保险 FA1、加热开关 SB1、温控器 ST1、过热保护温控器 ST2、加热管 EH 形成回路,加热管开始加热,同时与之并联的加热指示灯 LED2 亮,表示当前正在进行加热工作。当加到 88℃时,温控器 ST1 自动断开,切断加热器 EH 供电,停止加热。当水温下降到 85℃时,温控器 ST1 又自动闭合,加热器供电电路再次被接通,开始下一轮制热,这样水温能一直保持在一定范围内。

过热保护温控器 ST2 用于过热保护,在箱内无水或因温控器 ST1 损坏使箱内温度过高时,自动断开,切断加热器供电回路,起到保护作用。

2）制冷控制

插上电源插头,按下制冷开关 SB2,220 V 电源电压通过保险 FA1、制冷开关 SB2、保险 FA2,送入变压器 T 被降压后输出 10 V、4.2 V 两组交流电压,经 VD3～VD8、VD9、VD10、C_1 和 C_2 整流滤波变换为 +12 V、+5 V 电压,作为 PN 制冷片、风扇电机 M 的工作电压。其中的 +12 V 电压还经 R_3 和 VD12 稳压为 9.1 V,作为 LM393P 等温度检测电路的工作电压。

a）强冷工作原理

当水温高于 15℃时,贴在冷胆壁外的热敏电阻 R_t 阻值下降到 14.8 kΩ 以下,与上偏置电阻 R_7（22 kΩ）对 +9.1 V 电源分压,对 LM393P 的 2 脚提供的电压低于 3 脚基准电压（4.5 V,由 R_5、R_6 对 +9.1 V 分压而得）,内部比较器截止,其 1 脚输出高电压,大功率开关管 VT 饱和导通,D、S 极等效电阻接近 0 Ω,即相当于将 PN 制冷片左脚和插头 X2 左端接地;同时通过电阻 R_{12}、二极管 VD14 为电机 M 提供电流回路。这样,PN 制冷片两端电压为 12 V,工作在强冷状态;X2 插头两端为 12 V,VD13、LED3 导通,LED3 导通发光显示当前处于强冷工作状态;+12 V 电压加到电机 M 两端,电机高速运转。

PN 制冷片回路:+12 V 电源正极→制冷片右侧、左侧接 VT 管的 D 和 S 极→地。

LED3 强冷指示灯回路:+12 V 电源正极→LED3→R_{11}→VD13→X2 插头左侧→VT 管 D、S 极→地。

电机 M 回路:+12 V 电源正极→X4 插头左侧→电机 M→X4 插头右侧→VD14→R_{12}→VT 管 D、S 极→地。

b）弱冷工作原理

当水温低于 5℃时,热敏电阻 R_t 阻值上升到 22.3 kΩ 以上,与 R_7（22 kΩ）分压使比较器 LM393P 的 2 脚高于 3 脚基准电压（4.5 V）,内部比较器因反相输入电压高于正相输入电压而导通,其 1 脚输出低电位,VT 管截止,D、S 极间电阻相当于无穷大。这时,电机工作电压下降为 8 V,运转在低速,PN 制冷片两端压差为 7 V（12 V－5 V）,制冷量下降,LED3 强冷发光二极管与 VD13 稳压二极管回路压差为 7 V（12 V－5 V）,小于导通所需电压（6.5 V＋1.4 V）而停止发光。

电机回路:+12 V 电源正极→电机 M→R_4（72 Ω）→地。

PN 制冷回路:+12 V 电源正极→PN 制冷片→+5 V 电源→地。

（4）常见故障检修与维修

半导体冷/热饮水机常见故障检修与维修见表 2.3.1。

表 2.3.1　半导体冷/热饮水机常见故障检修与维修

故障现象	故障分析	故障检修
按下热水阀按手,先喷出蒸气数秒才正常出水,且温度较高	这是由于水箱内水温过高造成的,原因是加热电路中的温控器动作点上移	更换温控器

续表 2.3.1

故障现象	故障分析	故障检修
清洗饮水机后,开机不加热,且加热指示灯不亮	可能是未注入水就开机加热,从而导致箱内温度过高,使过热保护温控器 ST2 动作,切断加热管和加热指示灯供电电路。过热保护温控器属于手动复位型温控器,触点断开后不能自动复位,须人工复位才能再次接通	待饮水机自然冷却至常温后,拔出电源插头,打开饮水机背板可看到两个温控器,下端为过热保护温控器,轻触其中的复位按钮,内部触点即可闭合。饮水机注水后,按下热水阀按手,待有水流出后即可通电使用
不制热,制热指示也不亮	一般是温控器损坏,少数是过热保护温控器开路引起的	① 检查温控器。常温下测量温控器电阻,应为 $0\ \Omega$,如阻值无穷大则为损坏 ② 检查过热保护温控器。手动恢复后,常温下测量应为 $0\ \Omega$,如阻值无穷大则为损坏
不制热,加热指示灯亮	加热元件损坏	先检查元件两端接、插端子有无松动或氧化,然后测量加热元件两端电阻,应在几十欧,若为无穷大则为损坏
按下制热开关,漏电保护就跳闸	一般是加热管漏电引起的	加热管有裂纹时,更换加热管;加热管管端接头的硅胶密封线圈断裂也会导致该故障
按下制冷开关就烧保险丝	一般是机内水路连接管松动、龟裂形成微漏,滴渗到电源变压器内部形成短路	先更换龟裂的水管,然后烘干或更换变压器
不制冷,但强冷指示灯亮	PN 制冷片与强冷指示灯电路为并联关系,强冷指示灯亮,则说明故障在 PN 制冷片及插头	测量制冷片正反向电阻,正常时为 $2\sim3\ \Omega$。如查出 PN 制冷片击穿,则可用 DC 12 V、6 A(TECI - 12706 或 PEM - 12706)电子制冷片代换

2. 压缩式冷/热饮水机

(1) 基本结构

压缩式冷/热饮水机主要由箱体、加热部件、压缩机制冷部件、进/出水装置等部分组成。箱体为铁塑结构,加热部件的热罐、电热管、连接管道等均采用不锈钢制造,加热和制冷均采用自动控温装置,工作稳定可靠,其结构如图 2.3.9 所示。

压缩式冷/热饮水机的热罐是一种"吊瓶式"全密封热罐,其结构如图 2.3.10 所示。在热罐与冷胆之间焊接一根较长的不锈钢进水管,热罐吊挂在层板之下的中央位置,热水出水管接头伸出前面板,热水水龙头拧在出水管接头上。

压缩机制冷原理与电冰箱制冷原理相同,后面章节介绍。

(2) 典型电路

图 2.3.11 为某立式冷/热饮水机控制电路图。该立式冷/热饮水机采用压缩式制

冷方式。按下制冷开关 SB1,制冷绿色指示灯 HL1 亮,压缩机启动制冷。当水温随时间降到设定温度时,制冷温控器 ST1 触点断开,HL1 熄灭,压缩机停转,转入保温工况。断电后水温逐渐回升,当升到设定温度时,制冷温控器 ST1 触点动作闭合,压缩机又重新运行,如此循环,将水温控制在 4～12℃ 之间。

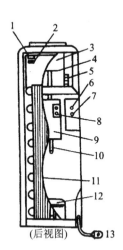

1—加热开关;2—制冷开关;3—水箱;4—分隔板;5—蒸发器;6—保险器;7—温度调节钮;8—温控器;9—热罐;10—排水管;11—冷凝器;12—压缩机;13—电源插头

图 2.3.9　压缩式冷/热饮水机结构图

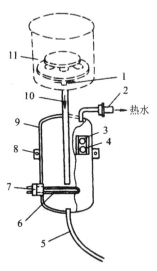

1—接头法兰;2—热水出水管接头;3—自动复位突跳式温控器;4—手动复位突跳式温控器;5—不锈钢排水管;6—电热管;7—电热管支座;8—安装支架;9—储水容器;10—不锈钢进水管;11—冷胆

图 2.3.10　压缩式冷/热饮水机热罐结构图

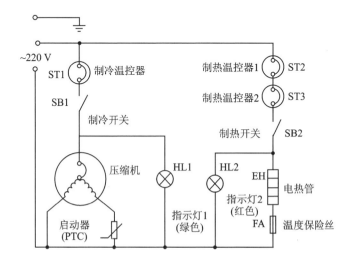

图 2.3.11　某立式冷/热饮水机电路图

按下制热开关 SB2,加热电路接通,红色加热指示灯 HL2 亮,电热管 EH 发热,当水温升到设定温度时,自动复位温控器 ST2 动作,切断电源,HL2 熄灭,转入保温工况。断电后水温逐渐下降,当降到设定温度时,ST2 触点动作闭合,接通电源,HL2 亮,EH 再次发热升温,如此循环,将水温控制在 85~95℃之间。

图 2.3.11 中保险器温度保险丝以及手动复位温控器 ST3 是保护装置,当电路出现过热、过载时自动熔断或断开电路,起到安全保护作用。

2.4 家用豆浆机

2.4.1 家用豆浆机的种类和结构

家用豆浆机是家庭自制新鲜熟豆浆的专用电器,浓缩了传统豆浆加工的全部工艺,由微电脑自动控制,集粉碎、滤浆、煮浆、延煮、报警诸功能于一身,只须加入黄豆和清水,十几分钟便可自动做出新鲜可口的熟豆浆。

1.种类与规格

(1)家用豆浆机的种类

家用豆浆机按不同的分类方法可以分为:

➤ 按机座结构可分为整体式和分体式两大类,目前比较流行分体式;

➤ 按外观形式可分为台式和立式两大类,目前台式比较受欢迎;

➤ 按刀具转动的传动方式可分为直接传动和间接传动两大类,目前采用直接传动方式比较多。

(2)家用豆浆机的规格

家用豆浆机的规格一般以容量大小来划分,有 1 000 mL、1 200 mL、1 300 mL 和 1 500 mL 等;也有按电机的功率来划分的,有 150 W、200 W 和 250 W 等几种。

2.家用豆浆机的基本结构

某家用豆浆机的外形结构如图 2.4.1 所示,这是一种分体式结构,可以将刀片、过滤网及机头从杯体分离进行清洁,以免在清洗过程中使电动机及控制装置受潮而引起损坏。家用豆浆机主要由机座(包括机头、杯体、下盖、水位线、定位柱等)、粉碎部件(包括电机、刀片等)、过滤装置(过滤网)、加热装置(电热器)和控制装置(面板开关、微动开关、电源插座、防溢电极、温度传感器、电脑板等)5 部分组成。

2.4.2 家用豆浆机的工作原理

1.制作豆浆工作程序

家用豆浆机制作豆浆时先加水、加豆、插电源,然后按启动键,其制作豆浆工作程序

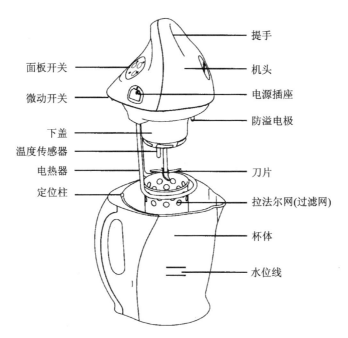

图中标注：提手、机头、电源插座、防溢电极、刀片、拉法尔网(过滤网)、杯体、水位线、面板开关、微动开关、下盖、温度传感器、电热器、定位柱

图 2.4.1　某家用豆浆机的外形结构图

如下：① 加热：通电后按下启动键，电热器开始加热，约 8 min 后(使用常温水时)，水温达到打浆设定的温度。② 预打浆：当水温达到设定温度时，电机开始工作，进行预打浆，然后加热至打浆温度。③ 打浆：电机带动刀片进行多次打浆，然后加热至防溢，再打浆数次。④ 煮浆：打浆结束后，电热器继续加热至豆浆第一次沸腾。⑤ 防溢延煮：豆浆沸腾后，防溢加热功能自动启动，进入延煮过程，电热器间断加热，使豆浆反复煮沸，充分煮熟。⑥ 断电报警：工作结束后，电热器、电机等部件自动断电，机器发出声光报警，提示豆浆已做好。拔下电源插头后，即可准备饮用豆浆。上述过程均采用微电脑自动控制，用时 20 min 左右，醇香豆浆即制作成功。

2. 典型电路原理

图 2.4.2 为某豆浆机电路原理图。图中 NTC 为负温度系数热敏电阻，安装在测温电极内，25℃时为 50 kΩ，80℃时为 7.32 kΩ，CPU 采用 ST62T09C6，其引脚功能如表 2.4.1 所列。

图 2.4.2 电路工作原理如下：

(1) 制浆

把泡好的豆和水按要求装入杯中，接通电源，220 V 电压经变压器 T1 降压、桥式整流器 B1 整流、电容 C_3 滤波变换为 +12 V，一路送入继电器 K1 等作为工作电压，一路经 7805 稳压为 +5 V，加到 CPU(ST62T109C6)的 1 脚作为工作电压。CPU 在 1 脚得电后，与 7 脚复位电容、3 脚和 4 脚 TX 晶体配合产生时钟脉冲，启动 CPU 进入待机状态，由 16 脚输出一个脉冲驱动蜂鸣器响一声，同时由 18 脚输出高电压启动电源绿色指示灯亮。

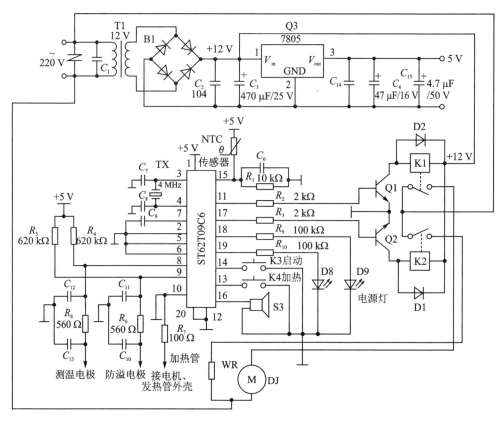

图 2.4.2 某豆浆机电路图

表 2.4.1 ST62T09C6 引脚功能

引　脚	功　能	引　脚	功　能
1	＋5 V 电源	11	电机控制输出,5 V 高电压运转,0 V 低电压停止
2	地	12	地
3	时钟振荡	13	外接加热键
4	时钟振荡	14	外接启动键
5	地	15	温度检测
6	地	16	蜂鸣器控制输出,低电压鸣叫
7	复位	17	加热控制输出,5 V 高电压加热,0 V 低电压停止
8	外接测温电极	18	电源指示灯控制
9	外接防溢电极	19	加热指示灯控制输出
10	地	20	地

按启动键 K3,CPU 进入工作状态,由 17 脚输出高电压,令 Q2 饱和导通,驱动继电器 K2 吸合。这时,220 V 电压通过继电器 K2 两触点与热管 WR 形成回路,加热管开始发热进行预热工作;另一方面 CPU 通过检测 15 脚电压判断水温,当判断水温达到 80℃时,令 17 脚输出低电压,11 脚输出高电压。CPU 的 17 脚输出低电压,令 Q2 截止,继电器 K2 释放,切断加热管 WR 供电,暂停加热。CPU 的 11 脚输出高电压,令 Q1 饱和导通,继电器 K1 吸合,使 220 V 电压通过 K1 继电器两触点加到电机 DJ 形成回路,电机开始运转,安装在转轴上的刀片高速运转将泡豆打碎,产生豆浆。

打浆程序为打 20 s,停 10 s,共 4 个循环。打浆程序结束后,CPU 令 11 脚输出低电压停止电机运转,同时令 17 脚输出高电压,使加热管再次加热,直到泡沫接触到防溢电极,CPU 再次令 17 脚转换为低电压,暂停加热。等泡沫下落后,重新加热,通过控制加热的启/停,防止豆浆溢出,约 2 min 即可把豆浆煮熟,此时 CPU 令 16 脚输出两个脉冲使蜂鸣器响两声,指示制浆制作完毕,整个过程持续约 15 min。

(2) 防溢控制

防溢电极为一根铜探头,通过 R_6 接 CPU 的 9 脚。当泡沫上升接触到防溢电极时,CPU 的 9 脚通过 R_6、防溢电极、浆汁、电机/发热管外壳、R_7 与地形成回路,使 9 脚变为低电压。CPU 据此判断豆浆上溢而令 17 脚转换低电压即停止加热;当泡沫下降后,9 脚转为高电压,令 17 脚输出高电压加热指令。换言之,防溢控制是通过检测豆浆泡沫控制发热管的工作,防止豆浆溢出的。

(3) 防干烧和低水位保护

测温电极为不锈钢的圆管,内有一个 NTC 负温度系数热敏电阻。

正常时,CPU 的 8 脚通过 R_8 与测温电极、水、发热管/电机外壳、R_7、地形成回路,使 CPU 的 8 脚为低电平,CPU 据此检测机内有水,可以进行制浆工作。

在不加水、水位过低或豆浆机运转时提起机头而引起测温电极脱离水面时,测温电极不能接触到水面,而呈现断路状态,使 CPU 的 8 脚为高电压。CPU 据此判断此时处于干烧状态,而令 17 脚输出低电压停止加热,同时由 16 脚输出脉冲令蜂鸣器鸣叫报警,实现防干烧保护。

(4) 单纯加热

若按 K4 加热键,则 CPU 令 17 脚输出高电平,Q2 导通,继电器 K2 吸合使加热管的 220 V 供电电路接通,从而进行加热。

3. 常见故障与检修

例 1. 豆打不烂

【故障现象】豆打不烂。

【故障分析】电机功率不足。

【故障检修】在确认打浆程序、电机启动次数及时间正常的情况下,更换电机。

例 2. 指示灯亮,蜂鸣器发声失真,不加热不打豆

【故障现象】接通电源,面板指示灯亮,蜂鸣器始终发声但低闷、失真,按启动键、加

热键后机内无反应。

【故障分析】一般是+5 V电源低。

【故障检修】电路如图2.4.2所示。

当测量+5 V电源低于4.7 V时,继续测量+5 V稳压器7805的1脚输入端电压。如果1脚高于8.5 V,则更换+5 V稳压器,检查C_4和C_{15}等电容是否漏电;如果1脚低于7.6 V,则检查前级的C_3滤波电容是否漏电或失效、桥式整流器B1是否击穿。

习题 2

一、填空题

1. 储存式电热水器一般由 _____、_____、_____、_____ 4大部分组成。

2. 电热水器按对水的加热方式可分为 _____ 和 _____ 两种。

3. 电热水器按电热器上所用电热元件的安装位置,可以分为 _____ 和 _____ 两种。

4. 冷/热饮水机一般采用 _____ 制热,用 _____ 制冷或 _____ 制冷,它主要由 _____、_____、_____、_____ 等部分组成。

5. 家用豆浆机由微电脑自动控制,集 _____、_____、_____、_____、_____ 诸功能于一身。

二、选择题

1. 储水式电热水器出水不热,是因为(   )。
   A. 出水管道太长　　　　　　　　B. 温控器触点粘连
   C. 冷热水调节不当　　　　　　　D. 供水压不正常

2. 电热水器中用来保护金属水箱不被腐蚀和阻止水垢形成的部件是(   )。
   A. 镁阳极　　　B. 温控器　　　C. 电加热器　　　D. 内胆

3. PTC发热元件是一种热敏电阻,其温度系数为(   )。
   A. 零　　　　B. 负　　　　C. 正　　　　D. 无穷大

4. 饮水机不制热,但加热指示灯亮,原因是(   )。
   A. 加热元件损坏　　B. 温控器损坏　　C. 电源电压不够　　D. 保险丝断了

第 **3** 章

厨房电器

3.1 电饭锅

电饭锅是家庭中最常见的电炊具之一,主要用途是煮饭,也可以用来煮粥、烧汤等,具有省时省力、清洁卫生、无污染等特点。

电饭锅的种类很多,按加热方式的不同,可分为直接加热式(发热元件发出的热量直接传递给内锅)和间接加热式(将外锅水加热产生蒸气,再利用蒸气蒸饭)两种;按结构形式的不同,可分为整体式(分为单层、双层和三层)和组合式;按控制方式的不同,可分为机械控制式、电子控制式和微电脑控制式。

3.1.1 机械控制式电饭锅

1. 基本结构

机械控制式电饭锅主要由外壳、内锅、电热盘、磁钢限温器、双金属片温控器、超温熔断器、指示灯、插座等组成,如图3.1.1所示。

(1)外 壳

外壳一般用0.6~1.2 mm薄钢板拉伸成型,外表面常采用静电喷漆、电镀、烧瓷等工艺方法进行处理。外壳除了起到装饰保护作用外,还是安装电热盘、温控器、内锅的支承机构。内锅与外壳之间的空隙可起到保温的作用。

(2)内 锅

内锅又称内胆,是用来盛放食物的容器。一般用0.8~1.5 mm的铝板一次拉伸成型,表面经过电化处理形成氧化铝保护

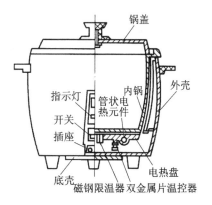

图3.1.1 机械控制式电饭锅结构图

膜,或涂有聚四氟乙烯不粘涂层。内锅底部呈球面状,便于与锅底的电热盘表面紧密吻合。

(3) 电热盘

电热盘是电饭煲的主要发热元件,又称加热器,外形及结构如图3.1.2所示。这是一个内嵌电发热管的铝合金圆盘,内锅就放在它上面,取下内锅就可以看见。电热盘电阻值一般为几十欧姆(功率越大,阻值越小;功率越小,阻值越大)。

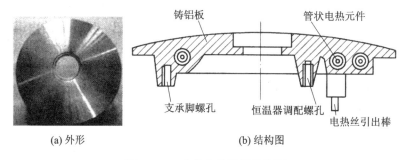

(a) 外形 　　　　　　　　　　　(b) 结构图

图 3.1.2　电热盘外形及结构图

(4) 磁钢限温器

磁钢限温器主要由感温磁钢、永久磁铁、弹簧、行程拉杆、杠杆、触点和按键等组成,如图3.1.3所示。感温磁钢是一块用镍锌铁氧体材料制作的磁铁,特性是常温下有磁性,但当温度升到其居里温度点(103±2)℃时便失去磁性。煮饭时,按下煮饭开关后行程拉杆将永久磁铁往上托,使感温磁钢和永久磁铁克服内弹簧的弹力而相吸,从而带动触点闭合,电源接通,电热盘发热煮饭。当饭煮到水干后,内锅温度继续升高,当温度升到感温磁钢的居里温度点(103±2)℃时感温磁钢失去磁性,永久磁铁在内弹簧压力及其自身重力的作用下跌落,与其相连的行程拉杆和杠杆使触点断开,切断电源,停止加热煮饭。

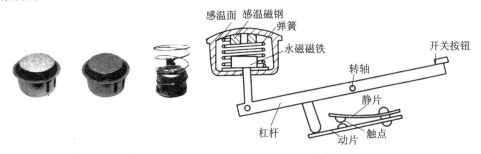

图 3.1.3　磁钢限温器的结构图

(5) 双金属片温控器

双金属片温控器又称恒温器、保温器,由一个弹簧片、一对常闭触点、一个双金属片组成,如图3.1.4所示。煮饭时,锅内温度升高,由于构成双金属片的两片金属片的热膨胀系数不同,因此双金属片向上弯曲。当温度达到80℃以上时,在向上弯曲的双金属片推动下,弹簧片带动常开与常闭触点进行转换,从而切断电热盘的电源,停止加热。当锅内温度下降到60℃以下时,双金属片逐渐冷却复原,常开与常闭触点再次转换,接通电热盘电源进行加热。如此反复,使电饭锅内的温度保持在70℃左右,即达到保温效果。

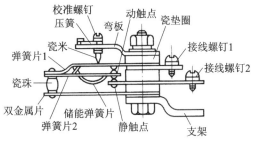

图 3.1.4 双金属片温控器结构图

(6) 超温熔断器

超温熔断器外观以金黄色或白色居多,串在电热盘与电源之间,起保护发热管的作用,实物如图 3.1.5 所示。主要技术参数有:额定电压 250 V、额定电流 5 A 或 10 A,额定动作温度 185℃。超温熔断器是一种一次性过热保护器件,当保温器、磁钢限温器万一失灵引起过热时熔断,起到安全保护作用。超温熔断器是保护发热管的关键元件,不能用导线代替。

2. 典型电路

机械控制式电饭锅典型电路如图 3.1.6 所示。

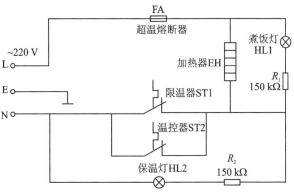

图 3.1.5 超温熔断器 图 3.1.6 机械控制式电饭锅典型电路

工作过程:接通电源,按下磁钢限温器 ST1,ST1 的动、静触点闭合,220 V 的交流电经超温熔断器 FA、加热器 EH,使电饭锅内开始升温,煮饭指示灯 HL1 亮,电饭锅开始煮饭。当温度达到感温磁钢居里温度(103±2)℃时,感温磁钢失去磁性,永磁体在重力及弹簧力作用下跌落,导致磁钢限温器 ST 的动、静触点自动断开;又由于双金属片 ST2 的触点在温度高于 80℃时断开,此时保温指示电路接入主电路,保温指示灯 HL2 亮,由于电阻 R_2 的值非常大,故流经加热器的电流较小,加热器不工作。随着饭的温度下降,当锅底的温度低于 60℃时,双金属片触点闭合,锅内的饭又开始升温。如此循环,保温在 70℃ 左右。

3. 机械控制式电饭锅常见故障与检修

机械控制式电饭锅常见故障及检修方法如表 3.1.1 所列。

表 3.1.1 机械控制式电饭锅常见故障及检修方法

故障现象	可能原因	检修方法
接通电源后,指示灯不亮	1. 电源与电饭锅电路没有接通 2. 指示灯损坏,降压电阻开路	1. 检查与电路通断有关的部分 2. 更换元件
接上电源,熔体熔断	1. 锅内部电器部件短路 2. 开关绝缘不良 3. 电热器短路	1. 找出短路处的地方予以排除 2. 更换开关 3. 更换电热器
煮夹生饭	1. 内锅与电热器之间有异物 2. 双金属片恒温器起控温度偏低 3. 按键开关接触不良	1. 清除异物 2. 调节恒温器上的调节螺柱 3. 压紧触点簧片,使其紧密接触
煮焦饭	1. 双金属恒温器起控温度偏高 2. 按键开关联动机构不灵活 3. 双金属恒温器触点粘连 4. 内锅变形与感温磁钢接触不良或弹簧失效	1. 调节恒温器上的调节螺柱 2. 修正或更换开关 3. 更换新品 4. 修复或更换内锅,更换弹簧
保温不正常	1. 双金属恒温器调节螺柱松开 2. 双金属恒温器瓷珠脱落 3. 双金属恒温器弹簧失效	1. 重新调整并拧紧 2. 重新粘上瓷珠 3. 更换弹簧片
漏电	1. 导线绝缘层破损 2. 电热管封口材料损坏 3. 电器部件浸水受潮 4. 开关、插头、插座等有积垢,绝缘效果下降	1. 更换新导线 2. 重新封口绝缘 3. 干燥处理 4. 更换新品

3.1.2 电子控制式电饭锅

普通机械控制式电饭锅由于结构简单、密封性差、保温时热源又全部来自锅底的电热丝,所以功率偏大;当保温时间较长时,由于水分散失多,受热不均匀,米饭的上层就会变硬。电子控制式电饭锅在结构上做了很大改进,如图 3.1.7 所示,采用了密封式 3 层结构,密封性能好,保温受热均匀,热效率达 85%。

电子控制式电饭锅比普通机械控制式电饭锅多设置了锅体加热器、锅盖加热器、感温开关、双向可控硅和由磁钢限温器控制的微动开关等部件。电路如图 3.1.8 所示。

煮饭的加热板与普通加热器一样,受磁钢限温器的微动开关"煮饭"挡(C - NC 接通)控制,当锅体温度达到 103℃ 时,微动开关煮饭挡自动断开并使"保温"挡(C - NO)接通。锅盖加热器与锅体加热器并联,保温时一起工作,并受双向可控硅的控制。双向可控硅又由置于外壳与内壳间的感温开关(热敏元件)进行触发控制。感温开关的可靠

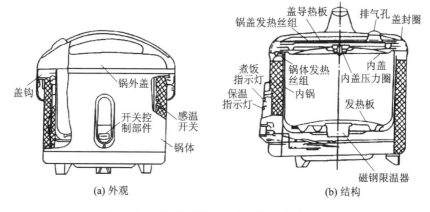

(a) 外观　　　　　　　　　　　　　(b) 结构

图 3.1.7　某电子控制式电饭锅外观及结构

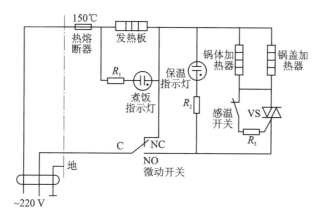

图 3.1.8　某电子控制式电饭锅电原理图

性、稳定性及控制精度都非常好,因此,当锅体温度下降至 70℃ 以下时,感温开关导通,双向可控硅触发导通,于是 220 V 电源经微动开关、双向可控硅、锅体及锅盖加热器、煮饭电热板形成回路,电饭锅进入低功率(78℃)自动保温阶段。

3.1.3　微电脑控制式电饭锅

1. 微电脑控制式电饭锅构成

　　常见的微电脑控制型电饭锅与机械控制型电饭锅相比,不仅取消了磁性温控器、开关总成、双金属温控器等机械控制器件,而且增加了控制电路板、温度传感器、操作电路板等电子控制电路,如图 3.1.9 所示。

　　由于采用了微电脑控制方式,所以此类电饭锅具有功能多、热效率高、保温性能

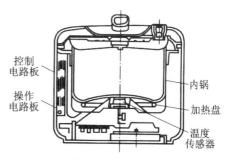

图 3.1.9　微电脑控制式电饭锅构成示意图

好等优点,但也存在成本高、维修难度大等缺点。

2. 美的 MB - YCB 微电脑控制式电饭锅电路

美的 MB - YCB 系列电饭锅通常在锅底和锅盖上设置了两个传感器,其中,锅底传感器检测水温及内锅的温度变化率等;锅盖传感器则用于检测室内温度和水蒸气的温度,从而判别出电饭锅煮饭时所处的工序阶段,尤其可判别出在焖饭工序中米饭的温度。

图 3.1.10 及图 3.1.11 分别为美的 MB - YCB 微电脑控制式电饭锅电源电路图和控制电路图。

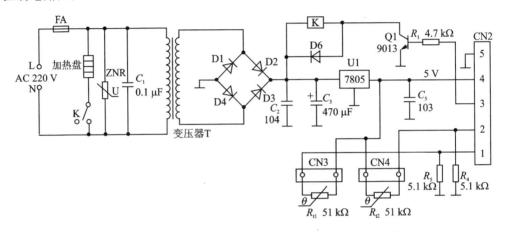

图 3.1.10 美的 MB - YCB 微电脑控制式电饭锅电源电路

整机电路由电源板和控制板构成,两块电路板通过连接线进行连接,主要由电源电路、测温电路、加热执行电路、微处理器电路等组成。

(1) 供电电路

220 V 市电电压经熔断器 FA 输入到电源板,再经 C_1 滤除市电中的高频干扰脉冲后加到变压器 T 的初级绕组,从它的次级绕组输出 12 V 左右(与市电高低有关)交流电压,再经 D1~D4 桥式整流,利用 C_2、C_3 滤波产生 12 V 左右的直流电压。该电压分为两路输出:一路为继电器 K 的线圈供电;另一路经三端稳压器 U1(7805)稳压产生5 V 直流电压,经连接器 CN2 的 4 脚为微处理器电路供电。

(2) 微处理器电路

该机的微处理器电路以微处理器 TMP87P809N 为核心。

1) TMP87P809N 的引脚功能

TMP87P809N 的引脚功能如表 3.1.2 所列。

2) 工作条件电路

5 V 供电:插好电饭锅的电源线,待电源电路工作后,由其输出的 5 V 电压经 R_{25} 限流,再经 C_{12}、L_1、C_4、C_8 组成的 π 形滤波器滤波后加到微处理器 U2 供电端 4 脚为它供电。

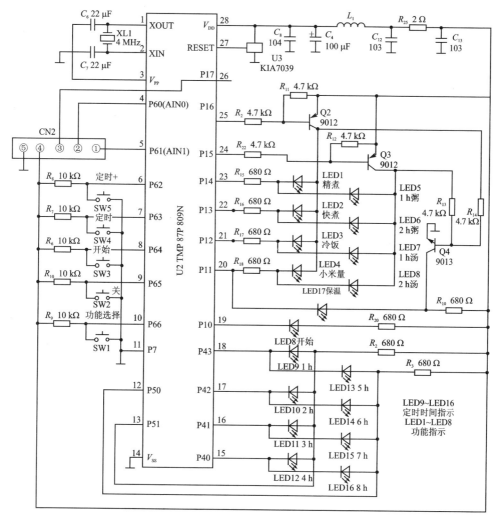

图 3.1.11　美的 MB－YCB 微电脑控制式电饭锅控制电路

复位电路:复位电路由 U2、复位芯片 U3(KIA7039)和相关元件构成。开机瞬间,由于 5 V 供电在滤波电容的作用下是逐渐升高的,当该电压低于设置值(多为 4 V)时,U3 输出一个低电平的复位信号。该信号加到 U2 的 27 脚后,U2 内的存储器、寄存器等电路清零复位。当 5 V 供电超过 4 V 后,U3 输出高电平信号,使 U2 内部电路复位结束,开始工作。

时钟振荡:时钟振荡电路由微处理器 U2 和晶振 XL1 构成。U2 得到供电后,它内部的振荡器与 1、2 脚外接的晶振 XL1 和移相电容 C_6、C_7 通过振荡产生 4 MHz 的时钟信号。该信号经分频后协调各部位的工作,并作为 U2 输出各种控制信号的基准脉冲源。

表 3.1.2　微处理器 TMP87P809N 的引脚功能

引　脚	功　　能	引　脚	功　　能
1	振荡器输出	18	1 h 指示灯控制信号输出
2	振荡器输入	19	开始指示灯控制信号输出
3	接地	20	小米量/保温指示灯控制信号输出
4	温度检测信号 2 输入	21	冷饭/1 h 汤指示灯控制信号输出
5	温度检测信号 1 输入	22	快煮/2 h 粥指示灯控制信号输出
6~10	操作键信号输入	23	精煮/1 h 粥指示灯控制信号输出
11	接地	24	指示灯供电控制信号输出
12~13	接指示灯(发光二极管)供电检测	25	指示灯供电控制信号输出
14	接地	26	电热盘供电控制信号输出
15	4 h 指示灯控制信号输出	27	低电平复位信号输入
16	3 h 指示灯控制信号输出	28	5 V 供电
17	2 h 指示灯控制信号输出		

(3) 加热、保温电路

该机的加热、保温电路由微处理器 U2、R_{t1}、R_{t2}、继电器 K1、放大管 Q1、加热盘等构成。其中,温度传感器 R_{t1}、R_{t2} 采用的是负温度系数热敏电阻。

未加热时,R_{t1}、R_{t2} 的阻值较大,取样后的电压较低,加到 U2 的 4、5 脚后,U2 将电压数据与内部存储器固化的不同电压数据对应的温度值比较后,确认锅内温度低,并且无水蒸气,U2 可接受煮饭等功能操作。此时,通过功能键选择煮饭功能,并按下开始键,被 U2 识别后,U2 控制快煮和开始指示灯发光,表明电饭锅进入煮饭状态,同时从 26 脚输出高电平信号。该信号经连接器 CN2 的 3 脚输入到电源板,通过 R_1 加到放大管 Q1 的 b 极,经它倒相放大后为继电器 K 的线圈供电,使 K 内的触点吸合,为加热盘供电,使它开始发热,进入煮饭状态。当水温达到 100 ℃ 时,传感器 R_{t1} 的阻值减小,使 U1 的 5 脚输入的电压增大到设置值,被 U2 识别后控制它的 26 脚间断性输出高电平、低电平控制信号,维持沸腾状态。保沸时间达到 20 min 左右,U2 的 26 脚输出低电平,使加热盘停止加热,电饭锅进入焖饭状态。此时,米饭基本煮熟,但米粒上会残留一些水分,所以焖饭达到一定时间后 U2 的 26 脚再次输出高电平信号,使加热盘开始加热,将米粒上多余的水分蒸发掉后,R_{t2} 的阻值减小到设置值,为 U2 的 4 脚提供的电压逐渐增大到设置值,U2 判断饭已煮熟,不仅控制蜂鸣器鸣叫,提醒用户饭已煮熟,而且控制 26 脚输出低电平信号,使加热盘停止加热;同时控制煮饭指示灯熄灭,提醒用户煮饭结束,米饭可以食用。若未进行操作,自动进入保温状态。保温期间,U2 控制保温指示灯 LED17 发光,表明该机进入保温状态,同时加热盘在 R_{t1}、U2、Q1、K 的控制下,温度保持在 65 ℃ 左右。

（4）常见故障检修

1）不加热、指示灯不亮

该故障是由于供电线路、电源电路、微处理器电路异常所致。首先,测量电饭锅电源插头两端阻值,若阻值为无穷大,则检查电源线、熔断器 Ft 或电源变压器 T 是否开路,压敏电阻 ZNR 和滤波电容 C_1 是否击穿;若测量电源插头的阻值正常,说明电源电路或微处理器电路异常。此时,测 C_5 两端电压是否正常,若正常,则检查微处理器电路;若电压低,则检查 C_5、稳压器 U1 和负载;若无电压,则测 C_3 两端电压是否正常;若无电压,则检查 T 和 D1～D4;若 C_3 两端电压正常,则检查稳压器 U1。

确认故障发生在微处理器电路时,首先,要检查微处理器 U2 的供电是否正常。若不正常,则检查线路。若正常,则开机瞬间测 U2 的 27 脚有无复位信号输入:若没有,则检查芯片 U3、U2;若有,则检查 C_6、C_7、晶振 XL1 是否正常。若不正常,更换即可。若正常,检查操作键是否正常:若不正常,更换即可;若正常,检查 U2 即可。

2）不加热、但指示灯亮

该故障主要是由于加热盘、加热盘供电电路、电源电路、微处理器电路异常所致。首先,按开始键时,检查相应的指示灯是否发光:若发光,说明加热盘或其供电电路异常;若不能发光,检查按键 SW3 和微处理器 U2。

确认加热盘或其供电电路异常时,须测 U2 的 26 脚能否输出高电平电压。若不能,检查温度传感器 R_{t1}、R_{t2}(常温时阻值均为 51 kΩ)和 U2。若能,则测加热盘两端电压是否正常。若正常,则检查加热盘。若无电压,则测继电器 K 的线圈两端有无正常的供电:若有,则说明 K 损坏;若无,则检查 Q1、R_1。

3）操作显示正常,但米饭煮不熟

操作、显示都正常,但米饭煮不熟,说明煮饭时间不足、加热温度过低。该故障的主要原因有:一是放大管 Q1 的热稳定性能差;二是温度传感器 R_{t1}、R_{t2} 或 R_4、R_5 阻值增大;三是继电器 K 异常;四是内锅或加热盘变形。

首先,检测内锅和加热盘是否变形,若内锅变形,校正或更换即可;若加热盘变形,则需要更换。确认它们正常后,在加热过程中,检测微处理器 U2 的 4、5 脚电位是否提前升高到设置值,若不是,则检查 R_{t1}、R_{t2} 是否漏电,R_4 和 R_5 是否阻值增大;若 4、5 脚电位正常,则测 26 脚电位是否正常。若 26 脚电位正常,则检查 Q1、K;若不正常,则检查 U2。

4）操作显示正常,但米饭煮糊

操作、显示都正常,但米饭煮糊,说明煮饭时间过长、加热温度过高。该故障的主要原因有:一是放大管 Q1 异常;二是继电器 K 异常;三是温度传感器 R_{t1}、R_{t2} 阻值增大;四是微处理 U2 异常。

首先,测 U2 的 4、5 脚电位能否升高到设置值,若不能,则检测 R_{t1}、R_{t2};若 4、5 脚电位正常,则测 26 脚电位能否输出低电平电压。若 26 脚不能输出低电平电压,则检查U2;若能,则检查 Q1、K。

3.2 微波炉

微波炉是一种全新型炊具。传统方式加热食物是通过加热锅底,热量从锅底到食物的表面,食物表面的热量传导到内部来完成的;而微波炉加热是使食物在极短时间内,外表和内部同时受热,达到快速煮熟食物的效果。微波炉最大的特点是热效率高、省时节能、清洁卫生、使用方便、烹饪快捷和食物不失新鲜营养。

微波是超高频电磁波,频率300~300 000 MHz,波长1 mm~1 m之间。微波的特点:

① 吸收性。微波遇到含水或含脂肪的食物能够被大量吸收,并转化为热量。微波炉就是利用这个特性来加热食物的。

② 反射性。微波遇到金属良导体时会被反射。因此,常用金属隔离微波。微波炉中常用金属制作箱体和波导,用金属网外加钢化玻璃制作炉门观察窗。

③ 穿透性。微波可以穿透玻璃、塑料、陶瓷等绝缘物体,而不会被吸收,所以也不会发热。因此,常用这些材料制作微波炉中使用的碟盘、覆盖食物的薄膜等,它们不会影响微波对食物的加热效果。

3.2.1 微波炉的种类

1. 按工作频率分

按工作频率分为商用微波炉和家用微波炉两种。前者工作频率为915 MHz,后者工作频率为2 450 MHz。

2. 按控制方式分

按控制方式可分为机械控制式微波炉和微电脑控制式微波炉两种。前者通过定时器和功率调节器等机械装置控制微波加热的时间和火力,后者按预定的程序自动完成各种操作。

3.2.2 微波炉的结构

1. 微波炉的外形结构

微波炉外形结构主要由炉门控制面板和外壳等几部分组成。图3.2.1为微电脑控制式烧烤微波炉外形结构图。

(1) 炉门

炉门由耐高温的钢化玻璃和金属网构成,使得既可防止微波泄露,又可观察炉内食

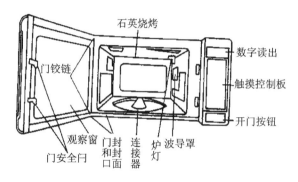

图 3.2.1　微电脑控制式烧烤微波炉外形结构图

物的烹调情况。炉门四周装有微缝密封式防微波泄露装置。炉门采用安全连锁装置，当炉门打开时，不论微波炉是否在工作，门安全连锁装置都将使微波炉的供电电源被有效切断，以确保微波不会从腔内外泄。

（2）面板控制结构

普及型微波炉控制面板部分包括开门按钮、功率控制选择开关和定时器等。

1）开门按钮

按下此钮，炉门自动开启。

2）功率控制选择开关

功率控制选择开关一般分为 5 挡，除高功率挡为微波炉额定微波输出功率外，其余各挡的输出功率因微波炉的不同而有所差异。

3）定时器

定时器采用步进电机带动的机械数字式，用于选择烹调的时间。常用的定时时间都在 10 min 以内，所以定时器用非匀速走时方式，即在 0～10 min 时走得快，10 min 以后走得慢，这样保证在 0～10 min 的时间精度高。选定微波炉工作时间后，电机带动旋盘转动。当定时器退到 0 分 0 秒时，就会发出信号，切断电源。

微电脑控制式微波炉面板上常用的控制键主要有烹调键、时钟键、数字键、暂停键、取消键、微波强度调节键、自动烹调键、烧烤键等。

（3）外壳结构

外壳结构包括进风口、排风口、电源引线和金属外壳等。

2. 微波炉的内部结构

微波炉的内部主要由炉腔、转盘、磁控管、波导管、整流管、高压电容器和电源变压器等组成。图 3.2.2 为内部结构示意图。

（1）炉腔

它是盛放被烹调食物的地方，多由涂覆着非磁性材料的金属制成，其侧面或顶部开有排湿孔。

（2）转盘

转盘由转动电机、转动臂、玻璃转盘等组成。电机通过连接器使转动臂转动，带动

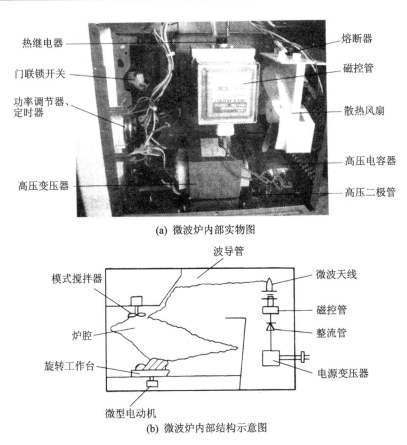

(a) 微波炉内部实物图

(b) 微波炉内部结构示意图

图 3.2.2　微波炉内部实物图和内部结构示意图

玻璃转盘使物体缓慢转动。

(3) 磁控管

磁控管是微波炉的核心部件,是产生和发射微波的真空电子管。磁控管里有一个圆筒形的阴极。阴极分为直热式(阴极和灯丝合为一体)和间热式(阴极做成圆筒状,灯丝安装在圆筒内,加热灯丝间接地加热阴极而使其发射电子)两种。阴极被加热后,其表面迅速发射足够的电子,以维持磁控管正常工作所需的电流。阴极外面包围着一个氧化铜做的阳极,由永久磁化铁在阴极和阳极之间建立一个轴向磁场。当磁控管加上合适电压后,发射出大量电子,这些电子在阴阳极形成的电场和外加磁场作用下绕着周围轨迹飞向阳极。阳极上有多个谐振腔,腔内产生 2 450 MHz 振荡形成微波,经波导管引入炉腔,如图 3.2.3 所示。

(4) 波导管

微波炉中使用的波导管是金属管道,它一端接磁控管天线(能量输出器),另一端接炉腔。其作用类似导线,把来自磁控管的 2 450 MHz 微波传送到加热腔体中去。

(5) 电源部分

电源部分由电源变压器整流二极管和电容器等组成。

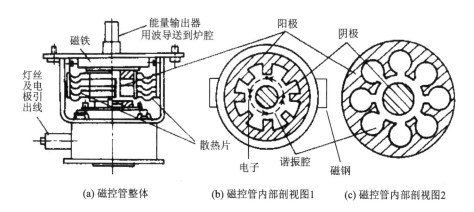

(a) 磁控管整体　　　(b) 磁控管内部剖视图1　　(c) 磁控管内部剖视图2

图 3.2.3　磁控管结构图

电源变压器将 220 V 电网电压变换成 3.4 V 左右的灯丝电压(不同磁控管灯丝电压有所不同)和 2 000 V 左右的高压交流电,经整流管半波倍压整流后加到磁控管阴阳极,提供 4 000 V 左右的直流负电压。因此,高压整流管和高压电容器的耐压均要求大于 4 000 V。

3.2.3　微波炉的基本原理

实际应用的微波炉的电子控制系统种类繁多,差别较大。但就从控制方式来分,可以分成机电控制型和微电脑控制型两种。

1. 机电控制型微波炉

机电控制型微波炉是指微波炉的控制系统由电机和机械部件组合而成,一般中低档微波炉采用这种控制方式,原理图如图 3.2.4 所示。

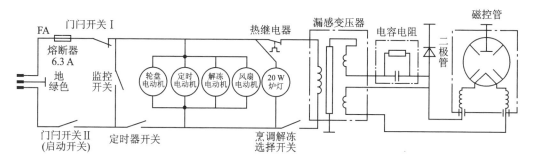

图 3.2.4　机电控制型微波炉原理图

将食物放进炉腔,将炉门关闭。门闩开关Ⅰ闭合,监控开关断开。烹调、解冻开关置于烹调或解冻位置。将定时器开关选择好烹调时间,此时定时器开关闭合。按启动按钮,门闩开关Ⅱ闭合,这时,照明灯亮;转盘电动机通电,带动转盘缓慢转动,使食物加热均匀;定时器通电,带动定时器进行定时控制;风扇电动机通电,使冷却风扇旋转,一方面对磁控管进行冷却,以防止磁控管阳极过热,影响工作的稳定性和使用寿命,另一方面使微波炉腔内空气流动,排出加热时食物产生的水蒸气。变压器初级绕组通电,经变压器降压,产生灯丝电压供磁控管灯丝用。另外,经变压器升压和倍压整流后产生 4 000 V 左右的负高压。磁控管正常工作,产生 2 450 MHz 的微波,经波导管传送到炉腔对食物进行加热。当达到预定的烹调时间后,定时器开关断开,自动切断电源并发出铃声,照明灯熄灭,所有电动机停止转动。为防止微波炉的微波泄漏,电路中设置了多种保护控制电路。在微波炉的炉门上装有连锁开关。无论微波炉是否在工作,只要炉门打开,连锁开关便将磁控管的供电电源有效地切断。当炉门打开时,门闩开关 I 打开,监控开关合上。若此时电路出现故障,220 V 电源送入机内,此时由于监控开关已合上,220 V 电源被短路,则熔断丝被熔断,从而达到保护的目的。

2. 微电脑控制型微波炉

下面以安宝路傻瓜智慧型微波炉的电路检修为例介绍微电脑控制型微波炉电路的检修。该机的电气构成示意图如图 3.2.5 所示,电路原理图如图 3.2.6 所示。

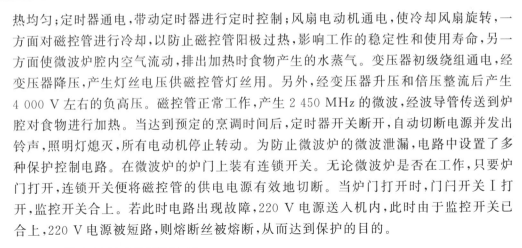

图 3.2.5　安宝路傻瓜智慧型微波炉电气构成示意图

(1) 电源电路

市电电压通过电源变压器降压后输出 5 V 和 12 V 两种交流电压,其中,5 V 交流电压经 D5~D8 构成的桥式整流堆整流,C_3、C_4 滤波产生的 8 V 左右的直流电压,再通过 L7905 稳压输出 5 V 直流电压,利用 C_2、C_5 滤波后为 CPU、显示电路、传感信号放大电路等供电;12 V 交流电压通过 D1~D4 构成的桥式整流堆整流,再经 C_1、C_2 滤波产生 12 V 左右的直流电压,为继电器等电路供电。

(2) 微处理器电路

该机的微处理器是以微处理器 TMP87PH47U(IC1)为核心构成的。

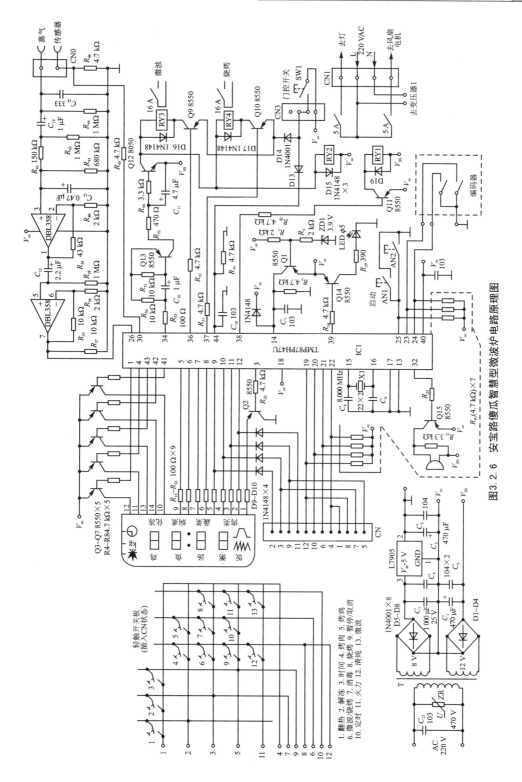

图3.2.6 安宝路傻瓜智慧型微波炉电路原理图

1）TMP87PH47U 的引脚功能

引脚功能如表 3.2.1 所列。

表 3.2.1　TMP87PH47U 的引脚功能

引　脚	功　　能	引　脚	功　　能
1、3~8	显示屏驱动信号输出	32	蜂鸣器驱动信号输出
9~12	显示屏驱动信号输出/操作信号输入	34	使能控制信号输出
13、17	接地	36	微波控制信号输出
14	复位信号输入	37	烧烤控制信号输出
15、16	时钟振荡器	38	风扇电机供电控制输出
18	供电	39	LED 控制信号输出
19~22	键盘操作信号输入	40	供电
23~25	编码器信号输入	41~43	显示屏驱动信号输出
26、30	蒸气传感器信号输入	44	炉门控制信号输入

2）CPU 工作条件电路

① 5 V 供电：当该机的电源电路工作后，由它输出的 5 V 电压经电容 C_5、C_2 滤波后，加到微处理器 IC1 的供电端 18、40 脚，为它供电。

② 复位该机的复位电路由微处理器 IC1、PNP 型三极管 Q1、稳压二极管 ZD1、电阻 R_1、R_2 等构成。开机瞬间，由于 5 V 供电是逐渐升高的，当它低于 4.6 V 时，Q1 截止，为 IC1 的 14 脚提供低电平复位信号，使 IC1 内的存储器、寄存器等电路清零复位。当 5 V 供电超过 4.6 V 后，Q1 导通，由它的 C 极输出的高电平电压加到 IC1 的 14 脚后，IC1 内部电路复位结束，开始工作。

③ 时钟振荡微处理器 IC1 得到供电后，它内部的振荡器与 15、16 脚外接的晶振 Xl 和移相电容 C_8、C_9 通过振荡产生 8 MHz 的时钟信号。该信号经分频后协调各部位的工作，并作为 IC1 输出各种控制信号的基准脉冲源。

3）蜂鸣器电路

微处理器 IC1 的 32 脚是蜂鸣器驱动信号输出端。每次进行操作时，32 脚输出的蜂鸣器驱动信号经 R_{25} 限流，再经 Q15 放大后，驱动蜂鸣器鸣叫，提醒用户微波炉已收到操作信号，并且此次控制有效。

(3) 炉门开关控制电路

关闭炉门时联锁机构动作，使联锁开关 SW1、SW2 的触点接通，而使门监控开关 SW3 的触点断开。联锁开关 SW2 的触点接通后，接通转盘电动机、高压变压器、烧烤加热器（石英发热管）的一根供电线路。联锁开关 SW1 的触点接通后，一方面 V_{cc} 可以通过 D14 为三极管 Q10、Q9 的 e 极供电；另一方面通过 D13 为微处理器 IC1 的 44 脚提供高电平信号，被 IC1 检测后识别出炉门已关闭，控制微波炉进入待机状态。若打开炉门后，联锁开关 SW1、SW2 断开，不仅切断市电到转盘电动机、加热器、高压变压器的供电线路,而且使 IC1 的 44 脚电位变为低电平,IC1 判断炉门被打开,不再输出微波或烧烤的加热信号,但 34 脚仍为输出控制信号,使放大管 Q12 继续导通,为继电器 RY2 的线圈供电,使 RY2 内部的触点仍吸合,为炉灯供电,使炉灯发光,方便用户取、放食物。

(4) 微波加热控制电路

在待机状态下,首先选择微波加热功能,选择好时间后按下启动(开始)键,被微处理器 IC1 识别后,IC1 从内部存储器调出烹饪程序并控制显示屏显示时间,同时控制 36、38 脚输出低电平控制信号。38 脚输出的低电平控制电压通过 R_{30} 使 Q11 导通,为继电器 RY1 的线圈供电,RY1 内的触点吸合为风扇电机供电,风扇电动机运转后为微波炉散热降温;36 脚输出的低电平信号通过 R_{32} 限流,使 Q9 导通,为继电器 RY3 的线圈供电,RY3 内的触点吸合,接通转盘电动机和高压变压器初级绕组的供电回路,不仅使转盘电机带动转盘旋转,而且使高压变压器的灯丝绕组和高压绕组输出交流电压。其中,灯丝绕组为磁控管的灯丝提供 3.3 V 左右的工作电压,点亮灯丝为阴极加热,高压绕组输出 2 000 V 左右的交流电压,通过高压电容和高压二极管组成半波倍压整流电路产生 4 000 V 的负压,为磁控管的阴极供电,使阴极发射电子,从而形成微波能,该微波能经波导管传入炉腔加热食物。

(5) 烧烤加热控制电路

按下面板的烧烤键,其被微处理器 IC1 识别后,IC1 不仅控制 34 脚输出控制信号,而且控制 37、38 脚输出低电平控制信号。如上所述,不仅使风扇电动机和转盘电动机开始旋转,而且 37 脚输出的低电平控制信号通过 R_{31} 限流,使 Q10 导通,为继电器 RY4 的线圈供电,RY4 内的触点吸合,接通烧烤加热器的供电回路,烧烤食物。

(6) 过热保护

当磁控管工作异常而使它表面的温度超过 115℃ 后,过热保护器(温控开关)的触点断开,切断整机供电,以免磁控管过热损坏或产生其他故障,实现过热保护。

(7) 蒸气自动检测电路

蒸气自动检测电路由传感器和放大器等构成。传感器是一个压电陶瓷片,安装在一个塑料盒子内。将这个塑料盒安装在蒸气通道内,就可以对蒸气进行检测。炉内的水烧开后会出现水蒸气,当水蒸气通过蒸气通道排出时,被传感器检测到并产生控制信号。该信号经 C_{16} 耦合,利用 R_{42} 限流,再经 DBL358(同 LM358)放大,产生的控制信号加到 IC1 的 26 脚,IC1 就可以根据该信息控制显示屏显示剩余时间和加热火力。

3.2.4　微波炉的常见故障与检修

1. 微波炉主要元器件检测

(1) 高压变压器

判断高压变压器好坏的方法有两种:

① 在微波炉工作时检查。测微波炉高压变压器时,须打开盖板。为了防止微波泄漏,则必须拔下两个磁控管灯丝插座进行测量。(以 500 型万用表为例)测直流高压:将万用表左旋到 500 直流 V 挡,红棒接地(金属底板),黑棒接灯丝插座。测交流高压:将万用表左旋到 2 500 交流 V 挡,红棒接地(金属底板),黑棒接高压线包引出线(或高压保险丝,或它与高压电容接点)。微波炉置高火挡,打开定时器,看表针有无高压指示。

如果送修的微波炉的炉灯亮、电扇转,就是不加热,则先测直流高压和交流高压。微波炉置高火挡,打开定时器,看表针有无高压指示。

② 在微波炉不工作时检查。先将变压器的连线断开,用万用表的电阻挡测。初级绕组 2.2 Ω,高压绕组 130 Ω 左右,两次测灯丝绕组约为 0 Ω 时,为正常。高压绕组一端通地的,要测高压绕组的电阻,将一个表笔接在底板上,另一表笔接与高压二极管的连线上。

高压变压器符号和测试数据如图 3.2.7 所示。

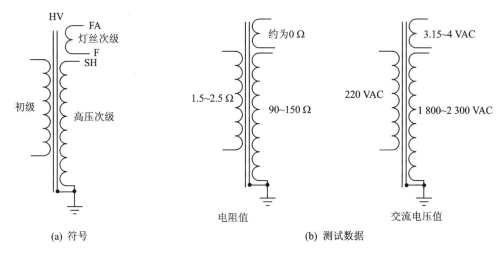

图 3.2.7　高压变压器的符号和测试数据

(2) 高压电容器

高压电容一般为椭圆体、金属外壳、耐压 2 100 V、容量在 0.9~1.1 μF,有的标注"微波专用电容器"字样。高压电容内部还并联一只 9 MΩ 电阻,微波炉停止工作后提供给高压电容一个放电通路。

图 3.2.8 是指针万用表电阻挡测试正常高压电容的数据。两极首次测 300 kΩ→9 MΩ,互换表笔测 100 kΩ→9 MΩ;如果两极之间始终为 9 MΩ 或无穷大,则该电容失效或开路。若测得高压电容两极之间电阻均为 0 kΩ 或较小,则该电容击穿或漏电;电容两极与外壳之间阻值为无穷大,若测得某极对外壳有电阻值或接线柱、绝缘胶木打火,则该电容绝缘性达不到要求。

(3) 高压二极管

高压二极管的文字符号是 VD,其实际上由几个二极管串联而成,内阻较高。正向电阻 100 kΩ 左右,反向电阻无穷大。高压二极管工作在 4 000 V 电路里,负极有圆环

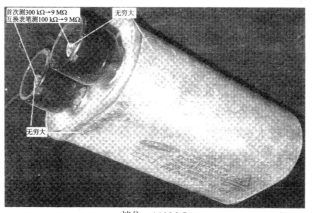

首次测300 kΩ→9 MΩ
互换表笔测100 kΩ→9 MΩ

无穷大

无穷大

挡位：×10 kΩ

图 3.2.8　指针万用表电阻挡测试正常高压电容的数据

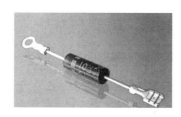

图 3.2.9　某高压二极管实物

可接底板,正极有套脚可插在高压电容器上。某高压二极管实物图如图3.2.9所示。

（4）磁控管

磁控管主要由管芯和磁铁两大部分组成。从外表看,它有微波能量输出器(波导管)、散热器、灯丝的两个插脚和磁铁等。从里面看(图3.2.3),有一个圆筒形的阴极,阴极外面包围着阳极。灯丝通电后加热阴极使其发射电子,阳极用来接收阴极发射的电子。

磁控管好坏测量方法：

① 关机后使高压电容放电,拔下磁控管灯丝两个插头。

② 用万用表×1 Ω电阻挡测量灯丝,应小于1 Ω。

③ 用×10K 挡测任一灯丝对地(金属机壳)都是无穷大,否则就是坏了。

④ 天线对外壳电阻为0 Ω,若测得无穷大,则磁控管是坏的。

磁控管的实物和正常测试阻值如图3.2.10所示。

（5）热继电器

对于热继电器两端,常温下测量电阻应为0 Ω;标注温度以上时,测量电阻应为无穷大,温度下降到一定值后,电阻又变为0 Ω。

（6）定时器/功率调节器

测量定时器电动机两端电阻应为15～20 kΩ;旋转一下时间旋钮,使其工作于定时状态,定时开关触点应为0 Ω。定时器得电工作时,将调节旋钮置于除高功率外的某一挡位上,用万用表测量功率调节器两端通断情况。正常时,应周期性地通断。

无论旋钮指向哪个位置,如果测得定时开关或功率调节器开关始终接通,则为该开关触点粘连;如果始终测得电阻为无穷大,则为开路。如果测得电动机电阻为无穷大,则电动机开路损坏。图3.2.11所示为机械定时器/功率调节器的正常测试数据。

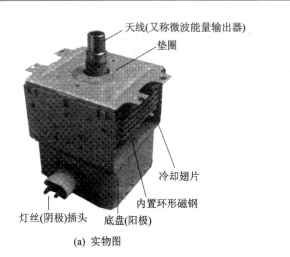

天线(又称微波能量输出器)

垫圈

冷却翅片

内置环形磁钢

灯丝(阴极)插头   底盘(阳极)

(a) 实物图

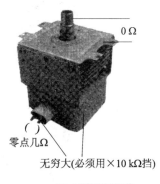

0 Ω

零点几Ω

无穷大(必须用×10 kΩ挡)

(b) 正常测试阻值

图 3.2.10   磁控管的实物和正常测试阻值

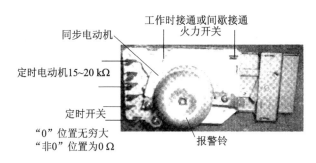

同步电动机

工作时接通或间歇接通
火力开关

定时电动机15~20 kΩ

定时开关

"0"位置无穷大
"非0"位置为0 Ω

报警铃

图 3.2.11   机械定时器/功率调节器的正常测试数据

(7) 高压熔断器

微波炉中的高压熔断器规格一般为 0.75～1 A、5 kV,与高压电容串联,负责在高压电路过流时自动熔断,避免后级的高压器件损坏。

图 3.2.12 所示是高压熔断器实物(长约 10 cm、直径约 1 cm 的圆柱体),采用塑料封,从而避免对微波炉金属底壳、高压电容外壳等产生打火现象。

高压熔断器

图 3.2.12   高压熔断器实物

2. 微波炉的常见故障和检修方法

机电控制型微波炉常见故障和检修方法见表3.2.2。

表 3.2.2　机电控制型微波炉的故障和检修方法

故障现象	可能原因	处理方法
照明灯不亮,但可以加热	照明灯损坏或接触不良	更换或修复
照明灯不亮,也不能加热	1. 炉门没关好 2. 双重联锁开关未闭合 3. 启动开关、定时器开关未闭合 4. 热继电器断开电路 5. 熔体熔断	1. 关好炉门 2. 更换或修复 3. 更换或修复 4. 热继电器损坏时应更换 5. 检查原因后更换
照明灯亮,不能加热	1. 变压器断路 2. 高压电容击穿 3. 整流二极管损坏 4. 磁控管损坏 5. 功率调节器开关断开	1. 更换或修复 2. 更换同型号电容 3. 更换同型号二极管 4. 更换同型号磁控管 5. 更换或修复
照明灯亮,能加热,但转盘不转	1. 固定盘子的支架装反了 2. 转盘电动机坏了	1. 把支架放正确 2. 检查、更换电动机
烹调期间,照明灯突然熄灭,烹调终止	1. 热继电器开路 2. 停电或超载,熔丝熔断 3. 电源变压器烧坏或短路	1. 清除通风道上的障碍 2. 供电正常后更换熔丝 3. 更换变压器
磁控管烧坏	1. 冷却风扇不转 2. 波导连接不良 3. 电源电压过高 4. 炉腔内无食物 5. 炉腔内有金属器皿	1. 排除风扇线路故障 2. 连接好波导 3. 使用稳压器 4. 无食物时严禁通电 5. 炉腔内严禁放金属器皿
炉腔有电弧	1. 炉腔内油污太多 2. 局部电路接触不良	1. 清除炉腔内油污 2. 找出故障处加以排除
壳体漏电	1. 带电元件与壳体相碰 2. 地线接地不良 3. 受潮过度	1. 找出故障处重新绝缘 2. 重新可靠接地 3. 干燥处理后再使用

3.3　电磁灶

　　电磁灶又称电磁炉,是20世纪70年代发展起来的一种新型家用电器,可对食物进行蒸、炒、炸、煮等加工,可控制火力,操作十分方便。

　　电磁灶与传统的灶具相比,有诸多优点:

　　① 热效率高。由于电磁灶利用电磁感应原理,直接在锅底利用涡流发热,因而其

热效率很高,可达 80% 以上,比煤气灶约高一倍,比一般电炉节电 60% 左右。

② 安全性好。电磁灶无明火,灶体本身不发热,不存在发生火灾的危险。同时,由于其灶体仅对导电的金属材料有明显加热作用,所以对人体无烧伤、灼伤的可能。

③ 清洁卫生。灶体不发热,食品溢至灶台不会焦糊;无明火,不存在空气污染;灶台表面光滑,清理工作简便易行。

④ 烹饪效果好。由于带有温控装置,因而可根据不同烹饪要求,准确控制发热功率及烹饪温度,火候好掌握。

⑤ 费用低廉。完成同一烹饪过程,若普通电灶费用为1,液化气和煤气费用分别为 0.87 和 0.58,而电磁灶仅为 0.63。

3.3.1　电磁灶的结构

某电磁灶的结构和内部实物图如图 3.3.1 所示。电磁灶主要由加热线圈、灶台面板、控制面板、电气线路部分、冷却风扇、烹饪锅及外壳等部分组成。

① 加热线圈。加热线圈是产生高频交变磁场的空心螺旋电感线圈,其工作电流是高频大电流。电磁炉的加热线圈呈平板状,一般用 20 根、直径 0.31 mm 的漆包线绞合绕制而成。

② 灶台面板。电磁炉对灶台面板有绝热、绝缘的特殊要求,同时要求其有良好的耐热性(约 300 ℃),有较好的机械硬度,有一定的热冲击强度和机械冲击强度,有良好的绝缘性及耐水、耐腐蚀等性能。现多用微晶玻璃灶台面板。

③ 控制面板。控制面板包括电源开关和电源指示灯、定时开关和定时指示灯、保温开关和保温指示灯、功率输出开关和输出功率指示等。

④ 电气线路部分。这部分电路主要由主电路、整流电路、逆变电路、控制电路、保护电路、继电器和电风扇电路等部分组成。这些部分的作用是把电源低频电流转换为电磁炉所需要的高频电流,以便使电磁炉按要求工作。

⑤ 冷却风扇。冷却风扇通过对流循环空气对整体元件、加热线圈等进行冷却,防止锅体热量传给电器元件而影响电气部分工作的可靠性。

⑥ 烹饪锅。烹饪锅是烹饪食物的容器,由铁磁材料制成。若选用铜或铝材料制成烹饪锅,则锅底的等效电阻可等于甚至小于线圈自身的电阻,这样,大部分电能消耗在线圈电阻上,使得电磁灶发热效率大大降低。因此,锅体材料应选用高频电阻稍大些的材料;再考虑到磁导率及受磁力线作用的有效面积对发热功率的影响,烹饪锅应用铁磁材料制成,并呈平底的形状。选用"不锈钢-铁-不锈钢-铝"4 层复合材料制成的锅较为理想。

⑦ 外壳。外壳由阻燃材料制成。外壳前后两边开有许多小气孔,这些小气孔与冷却风扇相配合,使灶内空气流通,降低温度。

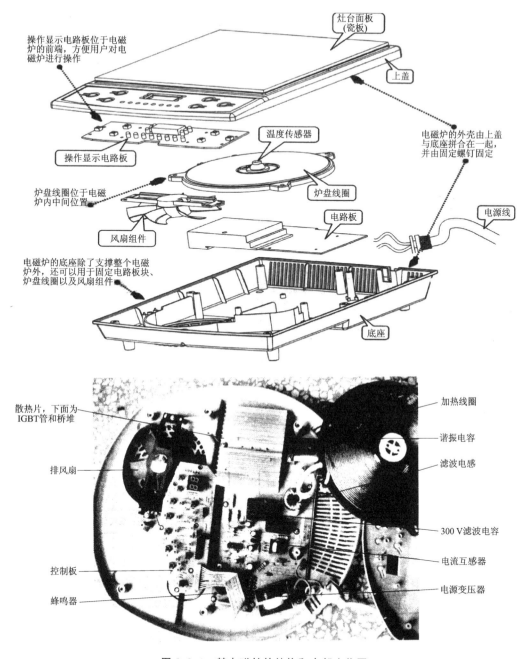

操作显示电路板位于电磁炉的前端,方便用户对电磁炉进行操作

灶台面板 (瓷板)

上盖

操作显示电路板

温度传感器

电磁炉的外壳由上盖与底座拼合在一起,并由固定螺钉固定

炉盘线圈位于电磁炉内中间位置

炉盘线圈

风扇组件

电路板

电源线

电磁炉的底座除了支撑整个电磁炉外,还可以用于固定电路板块、炉盘线圈以及风扇组件

底座

散热片,下面为 IGBT管和桥堆

加热线圈

谐振电容

滤波电感

排风扇

300 V滤波电容

电流互感器

控制板

电源变压器

蜂鸣器

图 3.3.1　某电磁灶的结构和内部实物图

3.3.2　电磁灶的基本原理

电磁灶是一种利用电磁感应原理将电能转换为热能的厨房电器,其加热原理如

图 3.3.2 所示。在电磁灶内部,由整流电路
将 50 Hz 或 60 Hz 的交流电压变成直流电
压,再经过控制电路将直流电压转换成频率
为 20~30 kHz 的高频电压,高速变化的电
流流过线圈会产生高速变化的磁场。磁场内
的磁力线通过金属器皿底部金属体产生无数
的小涡流,使器皿本身自行高速发热,然后再
加热器皿内的食物。

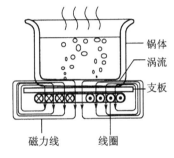

图 3.3.2 电磁灶加热原理图

3.3.3 微电脑型电磁灶

某微电脑型电磁灶采用 XC68HC705P6ACP 单片机芯片。这种电磁灶由于芯片
内具有功能控制程序,外围元件少,线路及工艺结构简练,因此整机一致性好,可靠
性高。

1. 主要功能

该电磁灶面板功能按钮及显示如图 3.3.3 所示。电磁灶工作的启动和关停由"开/
关"按钮控制;加热、定温两种功能由"定温/加热"按钮控制,红、黄两只 LED 发光二极
管分别显示其状态。加热功能具有 4 挡功率可调,最高挡功率约 1 300 W,最低挡功率
约 700 W,由"增加""减少"两个按钮调节。5 只 LED 发光二极管显示其功率状态(低
功率两只发光管显示的功率状态是相同的)。

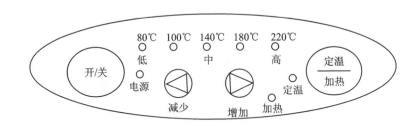

图 3.3.3 电磁灶面板图

定温功能具有 80℃、100℃、140℃、180℃、220℃ 这 5 挡温度可调,同样由"增加"
"减少"两按钮调节温度高低。定温功能可用于煎、炸、保温等烹调。

2. 保护功能

① 具有锅检报警功能:灶面无锅、锅质不符等均会引起自动报警、关机。

② 温度异常,如水烧干后引起温度剧增时会自动关机。

③ 电磁灶处于正常工作状态,如无人看管时约两小时后会自动关机。

④ 若交流电源电压太低(约低于 150 V),则会自动关机。

⑤ 1BG1(绝缘栅双极晶体管)过压保护和过热保护电路。

3. 主电路工作原理

图 3.3.4 为某电磁灶主电路原理图,图 3.3.5 为某主电路工作曲线图。时间 t_1～t_2 时,当开关脉冲加至 1BG1 的 G 极时,1BG1 饱和导通,电流 i_1 从电源流过 1L2。由于线圈感抗不允许电流突变,所以在 t_1～t_2 时间,i_1 线性上升,在 t_2 时脉冲结束,1BG1 截止。同样由于感抗作用,i_1 不能立即变 0,于是向 1C4 充电,产生充电电流 i_2。在 t_3 时间,1C4 电荷充满,电流变 0,这时 1L2 的磁场能量全部转为 1C4 的电场能量,在电容两端出现左负右正、幅度达到峰值的电压,在 1BG1 的 CE 极间出现的电压实际为逆程脉冲峰压＋电源电压。在 t_3～t_4 时间,1C4 通过 1L2 放电完毕,i_3 达到最大值,电容两端电压消失,这时电容中的电能又全部转为 1L2 中的磁能。因感抗作用,i_3 不能立即变 0,于是 1L2 两端电动势反向,即 1L2 两端电位左正右负。由于阻尼管 VD 的存在,1C4 不能继续反向充电,而是经过 1C2、VD 回流,形成电流 i_4。在 t_4 时间,第二个脉冲开始到来,但这时 1BG1 的 U_E 为正、U_C 为负,处于反偏状态,所以 1BG1 不能导通。待 i_4 减小到 0,1L2 中的磁能放完,即到 t_5 时 1BG1 才开始第二次导通,产生 i_5 以后又重复 i_1～i_4 过程,因此在 1L2 上就产生了和开关脉冲 f(20 kHz～30 kHz)相同的交流电流。t_4～t_5 的 i_4 是阻尼管 VD 的导通电流;在高频电流一个电流周期里,t_2～t_3 的 i_2 是线盘磁能对电容 1C4 的充电电流;t_3～t_4 的 i_3 是逆程脉冲峰压通过 1L2 放电的电流;t_4～t_5 的 i_4 是 1L2 两端电动势反向时,(因 VD 的存在)1C4 不能继续反向充电而经过 1C2、VD 回流所形成的阻尼电流;1BG1 的导通电流实际上是 i_1。

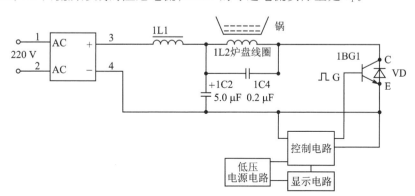

图 3.3.4　某电磁灶主电路原理图

1BG1 的 U_{CE} 电压变化:在静态时,U_C 为输入电源经过整流后的直流电源,t_1～t_2 时,1BG1 饱和导通,U_C 接近地电位;t_4～t_5 时,阻尼管 VD 导通,U_C 为负压(电压为阻尼二极管的顺向压降);t_2～t_4 时,也就是 LC 自由振荡的半个周期,U_C 上出现峰值电压,在 t_3 时 U_C 达到最大值。

以上分析证实两个问题:一是在高频电流的一个周期里,只有 i_1 是电源供给 L 的能量,所以 i_1 的大小就决定加热功率的大小,同时脉冲宽度越大,t_1～t_2 的时间就越长,i_1 就越大,反之亦然,所以要调节加热功率,只需要调节脉冲的宽度;二是 LC 自由

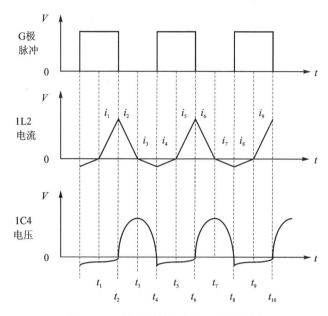

图 3.3.5　某电磁灶主电路工作曲线图

振荡的半周期时间是出现峰值电压的时间,亦是 1BG1 的截止时间,也是开关脉冲没有到达的时间。这个时间关系是不能错位的,如峰值脉冲还没有消失,而开关脉冲已提前到来,就会出现很大的导通电流而使 1BG1 烧坏,因此必须使开关脉冲的前沿与峰值脉冲后沿相同步。

4. 电路分析

微电脑型电磁灶主要由电源系统、脉宽可调高频振荡电路、检测控制中心、显示电路、温度控制和其他相关保护电路构成。整机电路原理图如图 3.3.6 所示。

(1) 脉宽可调高频振荡电路

当启动电磁灶工作时,MCU 脚发出的触发脉冲经 U3F 激活振荡电路。参阅局部图 3.3.7,1BG1 集电极的振荡信号经 R_3、R_4、R_{13} 分压后传至 U1C 的同相端 9 脚,与反相端 8 脚基准电平比较,U1C 输出同步脉冲,经 C_{22}、R_{15}、D6 积分电路,形成锯齿波,传至脉宽调制电路 U1A 反相端 4 脚,与 5 脚功率控制电平比较后,U1A 输出脉宽可调脉冲波。该脉冲波经驱动器 TA8316 集成电路放大,从 7 脚输至高频振荡管 1BG1 基极,驱动 1BG1,形成稳定振荡,产生高频脉冲电压。

功率控制电平的形成过程是:主电路发热盘振荡电流经图 3.3.6 的电流检测互感器 1T1 取样、1D1 整流后,由图 3.3.7 电位器 W 可变端传至 U1B 同相端 7 脚,形成电流取样电平。由电位器 W 调节最高挡加热功率为 1 300 W。当用户通过"增加"或"减少"按钮调节功率大小时,MCU 芯片 11、12、13 脚就输出不同状态值,它决定了 U1B 反相端 6 脚功率调节电平。经 U1B、C_{16}、Q4 自动跟踪、比较、放大,从而形成功率控制电平。

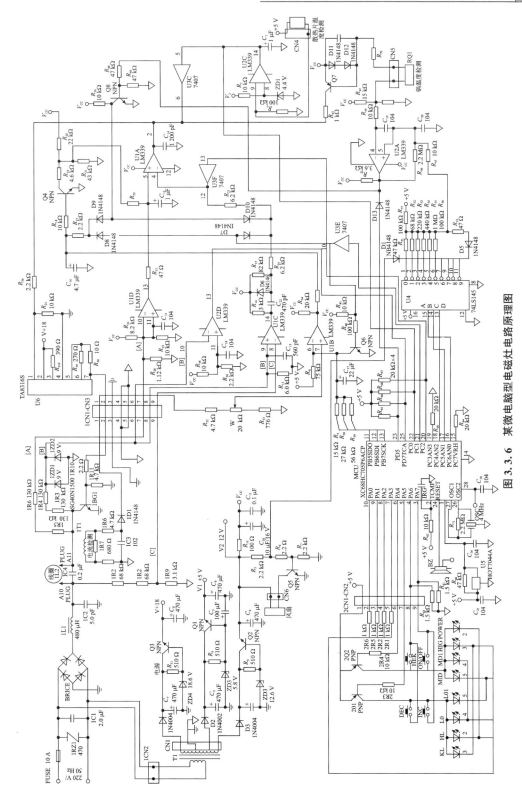

图 3.3.6　某微电脑型电磁灶电路原理图

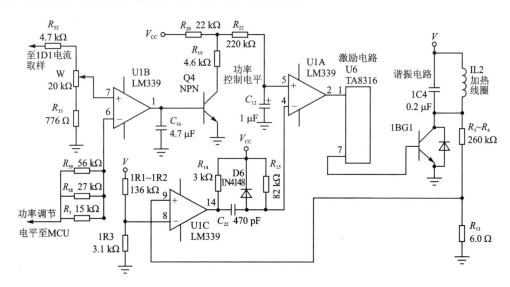

图 3.3.7　局部电路原理图

驱动电路由 U6（TA8316）集成块构成，所驱动的 1BG1 是一只 N 型沟道大功率高速开关管，为电压驱动，对驱动功率要求不大。

（2）定温控制电路

定温控制电路主要由 U4（74LS145）、U2A（LM339）、Q8 构成。当按动"定温加热"按钮时，定温指示灯亮，即处于定温工作状态。不管定温温度选择何挡，MCU 芯片（即 11～13）脚的输出均定位在最高加热功率挡状态。按动"增加"或"减少"功率调节按钮，MCU（即 16～18）脚不同状态值传至 U4（即 13～15）脚，经 U4 译码，从 1～6 脚输出相应状态组合。这样在 R_{51}～R_{56} 公共端形成相应的基准电压，输入到比较器 U2A 同相端 5 脚。

U2A 脚为热敏电阻温度检测电压。负温度系数热敏电阻紧贴微晶玻璃板背面。温度上升，阻值下降，U2A 脚电平随之升高，当其值高于 5 脚基准电压时，U2A 脚输出由高电平跳变成低电平，Q8 由导通转为截止，V_{CC} 电压经 R_{50}、D9、D10 分别加到 Q4 基极和 U1A 脚，锁定脉宽调制电路，U1A 输出端跳变成低电平，停止加热。当取样温度降低、U2A 脚电压低于 5 脚基准电压时，U2A 输出又由低电平跳变成高电平，Q8 饱和导通，D8、D10 反偏，解除封锁，继续恢复加热状态。从而起到恒定温度作用。

由电路图 3.3.6 可看出，热敏电阻 R_{Q1} 还是 Q7 三极管基极偏置电阻。在正常情况下，Q7 充分导通，V_{CC} 电压经 R_{47} 加至脉宽调制电路 U1A 输出端，形成上拉电压。当热敏电阻断裂或其回路导线脱落、插头插座接触不良时，Q7 将失去基极偏置电流而截止，U1A 脚失去上拉电压，其输出被钳位在低电平，从而停止加热，起到保护作用。

在正常加热和定温工作状态下，U4（74LS145）脚输出高电平，D5 被反偏，不影响基准电压形成。此时 Q5 导通，风机开启运转。当关机或非正常工作状态自动关机时，U4 脚输出低电平，通过 D5 加至 U2A 脚，U2A 翻转，输出低电平，停止加热。与此同

时通过 D1 迫使 Q5 截止,风机停止转动。

(3) 1BG1 过压保护和过热保护电路

1BG1 在高频振荡过程中承受高反压冲击,为避免在异常情况下损害 1BG1,设有 U1D(LM 339)保护电路。其同相端 11 脚为基准电压约 5.7 V,1BG1 集电极脉冲高压经 1R5、1R6 与 R_{28} 分压送至 U1D 反相端 10 脚。正常情况下,11 脚电平高于 10 脚,U1D 输出高电平,不影响脉宽调制电路工作。当 1BG1 集电极脉冲电压幅度大于 1 325 V 时,反相端 10 脚电平高于同相端 11 脚基准电压,U1D 输出端(13)跳变成低电平。C_{12} 经 R_{37} 放电,功率控制电平降低,输出脉宽变窄,从而使 1BG1 导通时间变短,振荡电流减少,脉冲电压幅度降低,起到保护作用。

1BG1 不仅工作在高反压状态下,而且工作在大电流状态下,因此设有过热保护电路。它由 U2C 和温控开关构成,温控开关紧固在大散热器上,正常情况下闭合。当散热器温度达到温控开关断开温度时,温控开关断开,U2C 脚电平高于 9 脚电平,U2C 输出端翻转成低电平。此低电平一方面使 1BG1 截止,停止加热;另一方面被 MCU 接收,发出关机指令,从而自动关机保护。只有待温度降下来,温控开关闭合后,才能重新启动电磁灶工作。

(4) 检测控制中心

检测控制中心主要由 MCU 单片机及其内写程序、U2D 比较器等构成。MCU 接 4 MHz 晶振,1 脚接 U5(HOT7044A)低压复位电路。当 +5 V 电源电压低于 4.4 V 时,系统会自动关机。MCU 脚通过面板按钮系统接收用户操作指令。如插好电源线,按一下"开/关"按钮,则电磁灶会按内存程序自动选择"加热"功能,11~13 脚输出自动选择最高挡功率(1 300 W)。并且 21 脚输出低电平,经 U3E 跟随,Q6 截止,不影响功率控制电平形成电路。

MCU 脚接收 U2D 脚输出的脉冲信息(来自 1BG1 集电极),自动监测灶面情况变化。当灶面无锅或锅突然被移开时,一方面 24 脚所接蜂鸣器发出报警声,同时 MCU 自动产生锅检秒脉冲。秒脉冲高电平与低电平脉宽之比约为 4:1。当秒脉冲为高电平时,经 U3E 跟随,Q6 饱和导通,U1B 反相输入端被钳位在低电平,功率调节失去作用;并且此高电平经 D7 封锁脉宽调制电路,U1A 输出端跳变成低电平,停止加热。当秒脉冲处于低电平时,Q6 截止,功率控制电平形成电路恢复正常作用,同时脉宽调制电路被解锁,U1A 脚输出锅检脉冲。经过约 30 s 检测,若仍无锅,21 脚自动跳变成高电平,自动关机。在锅检过程中,所消耗的功率很少,仅维持锅检需要。

MCU 对 21 脚所获得的信息进行鉴别,若电磁灶一直处在正常加热或保温状态,无任何状态变化,则视为无人看管,约两小时后即自动关机。

MCU 通过 22、23 脚自动监测异常温度,一旦出现温度异常,21 脚跳变成高电平,11~13 脚也发出关机信息,从而停止加热,自动关机。

5. 故障检修

电磁炉设有故障报警功能,根据故障报警指示,对应检修相关单元电路,大部分均可轻易解决,下面以电磁炉为例介绍其故障代码和维修。

(1) 故障代码

E2:传感器开路及附件是否正常。

E3:电压过高,测量 R_{20}、R_{17}、R_{29}、CPU、变压器是否正常。

E4:电压过低,测量 R_{26}、R_{17}、R_{29}、CPU、变压器是否正常。

E5:瓷板温度过高,检查传感器是否有足够的散热油。

E6:散热片温度过高,测量温控器、CPU 是否正常。

E7:NTC 传感器开路及附件是否正常。

(2) 主要工作点电压值

R_{22}:1.8 V 时测得值;J_3:1.7 V;C_1:2.8 V;J_1:2.6 V。

说明:C_1 的电压要高于 J_1,R_{22} 的电压要高于 J_3,否则电磁炉不能启动。

KM339 各引脚电压(不带线盘)如下:

KM339 引脚号	1	2	3	4	5	6	7	8	9	10	11	12	13	14
各引脚电压/V	0	0.1	18	5	0	0	6.3	2.9	3	2.6	0	0	0	5

(3) 特殊零件简介

1) LM339 集成电路

LM339 内置 4 个翻转电压为 6 mV 的电压比较器,当电压比较器输入端电压正向时(+输入端电压高于-输入端电压),置于 LM339 内部控制输出端的三极管截止,此时输出端相当于开路;当电压比较器输入端电压反向时(-输入端电压高于+输入端电压),置于 LM339 内部控制输出端的三极管导通,将比较器外部接入输出端的电压拉低,此时输出端为 0 V。其引脚接线图如图 3.3.8 所示。

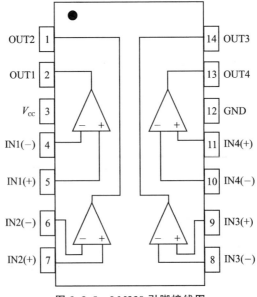

图 3.3.8　LM339 引脚接线图

2) IGBT(图中 1BG1)

绝缘栅双极晶体管(Iusulated Gate Bipolar Transistor)简称 IGBT,是一种集 BJT 的大电流密度和 MOSFET 等电压激励场控型器件优点于一体的高压、高速大功率器件,可看作一个 MOSFET 输入跟随一个双极型晶体管放大的复合结构,简化等效电路如图 3.3.9 所示。

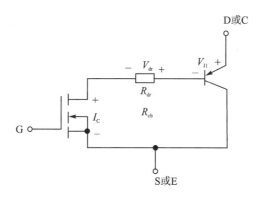

图 3.3.9　IGBT 的简化等效电路

IGBT 有 3 个电极,分别称为栅极 G(也叫控制极或门极)、集电极 C(亦称漏极)及发射极 E(也称源极),实物及电路符号如图 3.3.10 所示。

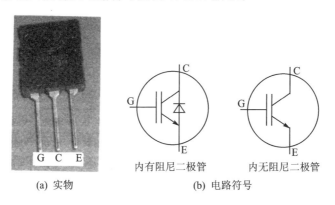

内有阻尼二极管　　　　　　内无阻尼二极管

(a) 实物　　　　　　　　(b) 电路符号

图 3.3.10　IGBT 实物及电路符号

IGBT 管好坏可用万用表进行检测。在正常情况下 IGBT 管 3 个电极间互不导通(如果 IGBT 管内含阻尼二极管时会出现 E - C 极间导通,C - E 极间为无穷大的情况)即为正常。

IGBT 的测试方法及正常数据如图 3.3.11 所示。

IGBT 非常易损坏,多数情况为击穿,造成烧保险或通电掉闸;个别是 CE 极间漏电,造成间歇加热或提锅不报警。更换 IGBT 前,建议检查易造成 IGBT 击穿及连带损坏的下列部位:保险管、桥式整流器、线盘两侧的大体积大阻值电阻、IGBT 的 C 极所接高压电容、IGBT 的 G 极所接驱动管(块)、二极管、电阻、+5 V/+300 V/+18 V 电源。安装 IGBT 时一定固定在散热板上,固定前要均匀涂抹散热硅胶。

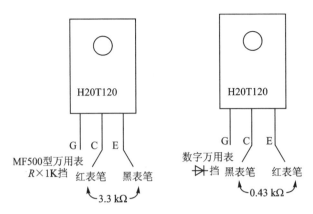

图 3.3.11 IGBT 的测试方法及正常数据

3)电流互感器的检测

可通过测量电流互感器一次、二次电阻来判断二次线圈是否有短路、断路等现象。电流互感器的一次直流电阻为 0 Ω,二次直流电阻一般在 60~140 Ω。电流互感器是电磁炉的易损件之一,以次级开路、阻值变大居多,引起的现象有不加热、不报警、功率异常、间歇加热且水温上升慢、无锅报警、内部电路故障报警等。

4)温度传感器

ⓐ 热敏电阻。电磁炉均采用负温度特性热敏电阻,其中,常用热敏电阻标注值有 100 kΩ、10 kΩ 两种(指 25℃时的阻值)。10 kΩ 热敏电阻只能用于 IGBT 温度检测; 100 kΩ 热敏电阻既可作 IGBT 温度检测,也可作锅底温度和线盘温度检测。

ⓑ 温控器。只有少数的低档电磁炉采用温控器固定在 IGBT 表面,用于 IGBT 过热保护。电磁炉的温控器为 85℃自动复位开关,平时呈接通状态,但温度高于 85℃时呈断开状态,当温度下降到允许值时自动恢复到接通状态。

ⓒ 温度传感器的检修。图 3.3.12 所示是温度传感器正常测试阻值。

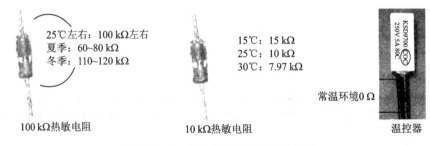

图 3.3.12 温度传感器正常测试阻值

热敏电阻损坏形式及引起的现象如下:

热敏电阻最常见的损坏形式是玻璃体碎裂、开路、短路,可能引起的现象有:间歇加热、不开机、加热一会停、温度低、自动停机、通电风扇就运转、报警锅底温度传感器开路或短路、报警 IGBT 温度传感器开路或短路等。个别机型锅底传感器开路后完全不加热。

少数热敏电阻会出现阻值漂移,引起的故障现象有:水烧不开、煮粥溢出、击穿 IGBT。

(4) 常见故障及故障原因

常见故障及故障原因如表 3.3.1 所列。

表 3.3.1 常见故障及故障原因

常见故障	故障原因
按"开关"按钮,无反应,所有指示灯不亮	1BG1 开关管坏,整流桥堆坏,保险管坏,1L1 局部短路,1C2、1C4 坏,U6 坏
指示灯均亮,但各按钮调节不起作用	热敏电阻坏,其两端引线脱落,插头插座接触不良
风叶不转	风叶被卡、电机轴空转、电机线圈坏

面板按键失灵也是常见故障。图 3.3.13 所示为老式按键板,可用万用表测量按键通断以判断其好坏和是否需要更换。如果是按键板油污脏引起的接触不良,则可考虑用酒精等清洗按键电路板并用风烘干。图 3.3.14 所示为触摸式按键板,如果通电后按键板的指示灯和数码管亮了,则说明 5 V 供电是正常的。检修步骤如下:第一步,清洗按键电路板油污。第二步,观察触摸键弹簧是否生锈,若有生锈,则可用细砂纸将锈去除。第三步,检查并更换触摸键到单片机集成块间电阻以及相应的数码管和指示灯。

图 3.3.13 老式按键板

图 3.3.14 触摸式按键板

(5) 故障排除方法及步骤

一般来说,先检查电源板,主要检查保险管,1L1 漆包线、整流桥堆、18 V 稳压管、高压电容、温度传感器、IGBT 是否损坏;主板有无虚焊或开焊;接插件有无松动或脱开。若 IGBT 损坏,则建议将它的激励电路 TA8361(有的机型用 S8050 对管或者 S8550 对管)一起更换效果更好。

然后进行待机测试(接上电源后不按任何键)。通电检测 3 大电压(300 V、18 V、5 V)是否正常,加电正常会发出"B"一声。最后,可采用"静态"模拟检查。所谓"静态"是指不接入线盘,接通电源按开机键。主电路板与上盖显示板、风机、热敏电阻、温控开关、变压器次级等连接插头均连接好。接通电源,利用面板上的按钮检查 MCU 程序和相关线路是否正常、主要工作点电压是否正常,同时参看故障代码查找故障。建议按电源电路、显示电路、外围插件回路、主电路的顺序排除故障。故障排除后再接入线盘,盖好上盖,通电试机。

3.4 吸油烟机

吸油烟机又称抽油烟机,按不同的分类方法有不同的称谓。按性能分,有普通型和自动控制型两种;按风道头数分,有单风道和双风道两种;按风机的机型分,有轴流式和离心式两种。轴流式多配浅型罩,风压小,风量大;离心式分离度好,风压大,低噪声,温升低,寿命长。目前,我国市场上的吸油烟机主要是离心式的,所以下面仅对离心式吸油烟机进行介绍。

3.4.1 吸油烟机的结构

图3.4.1是离心式吸油烟机的结构图。它是一种双风道吸油烟机,主要由机壳、内壳、电机、风扇、琴键开关、照明灯、挡光罩、集油罩、集油盒和电源线等组成。

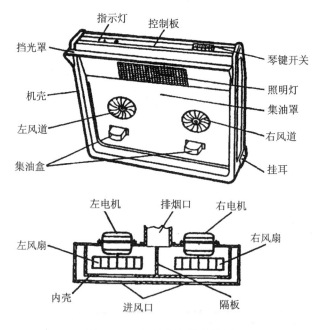

图 3.4.1 吸油烟机的结构图

吸油烟机的机壳包括侧板、顶板和面罩。采用 A3 冷轧钢板(有的采用不锈钢板)冲压焊接而成,表面一般经磷化喷塑处理,因而光亮坚硬,能防霉、防潮、防酸碱和易于擦洗。吸油烟机的内壳在机壳之内,采用 ABS 塑料注塑成型;内有弧形隔板,形成左、右对称的螺旋形风室,其内径与风扇保持一定空隙。当风扇高速转动时,由于离心力的作用,油烟被抽走,并将污油甩到螺旋线的最低点,经导油管进入集油盒内。

3.4.2　吸油烟机的工作原理

下面以某型号吸油烟机为例介绍,图 3.4.2 是其面板图。

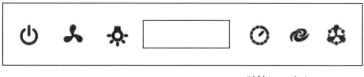

<table>
<tr><td>关机键</td><td>风量键</td><td>照明键</td><td></td><td>时钟/
延迟键</td><td>瞬时
强吸键</td><td>清洗键</td></tr>
</table>

图 3.4.2　某型号吸油烟机面板图

1. 按键功能说明

➤ 关机键:用于关闭除照明外正在运行的程序。

➤ 风量键:用于选择吸油烟机的风量(高、中、低挡)。

➤ 照明键:用于开/关照明功能。

➤ 时钟/延时键:用于设置时钟和延时关机功能。

➤ 瞬时强吸键:用于瞬间增大风量。

➤ 清洗键:用于启动/结束自动清洗功能。

自动清洗功能的操作步骤:

① 用中性洗洁精和温水按 1∶40 配成清洗液 500～650 mL,注入清洗水杯的右腔内。

② 长按清洗键 1 s,清洗功能开始启动,电机自动锁定在高速运转状态,烟机进入 90 s 自动清洗功能,90 s 清洗时间完毕后进入初始待机状态。

注意:清洗泵不能在空载状态下运行。

③ 清洗完毕后取下清洗水杯,倒掉废水,然后插油杯。

2. 拆洗注意事项

① 拔下电源插头,以确保安全。

② 拧开风管罩和附风管罩的固定螺钉,取下风管罩和附风管罩;拧开固定箱体门螺钉,向上推即可取下箱体门,拧开固定进风口螺钉,取下进风口。

③ 顺时针旋下风轮锁紧螺母,取出风轮。

④ 将取下的零件放入有中性洗涤剂的温水中浸泡,用软刷或软布将其洗净、擦干。

⑤ 洗净后,按拆卸时相反的顺序装入吸油烟机中。

图 3.4.3 为该型号吸油烟机拆洗结构示意图。

3. 电气接线图

图 3.4.4 为该型号吸油烟机电气接线图。

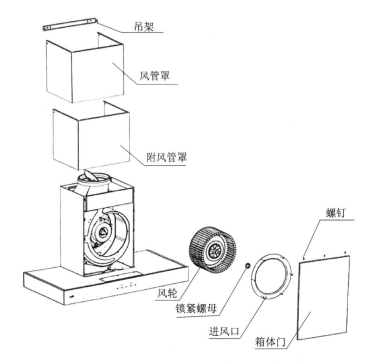

图 3.4.3 吸油烟机拆洗结构示意图

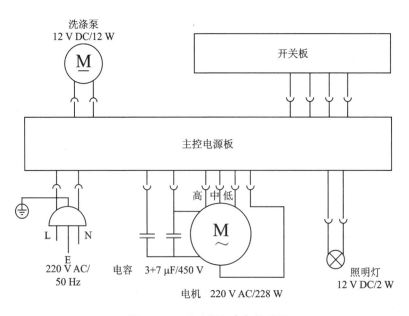

图 3.4.4 吸油烟机电气接线图

4. 常见故障和处理方法

吸油烟机常见故障和处理方法如表 3.4.1 所列。

表 3.4.1　吸油烟机常见故障和处理方法

故障现象	故障原因	处理方法
电机不运转	1. 电源线插头脱落 2. 风轮被卡住 3. 电机被卡死 4. 电机损坏 5. 开关坏 6. 电容器坏	1. 插紧插头或按接线图将其接上 2. 排除风轮被卡故障 3. 润滑电机或更换 4. 更换电机 5. 修理或更换开关 6. 更换电容器
机体振动	1. 机体悬挂不牢固 2. 风轮受损,不平稳 3. 风轮安装未到位 4. 电机未紧固	1. 紧固机体 2. 更换风轮 3. 使风轮安装到位 4. 紧固电机
噪声大	1. 风轮不平衡 2. 有异物掉进风柜里	1. 调整配重块或更换风轮 2. 清除异物
吸力不强	1. 安装距离太高 2. 使用空间空气对流太大 3. 排风管内有外界倒灌风 4. 电机速度明显降低	1. 适当降低吸油烟机高度 2. 可关小门窗,改善环境 3. 使风管口向下 4. 更换电机或电容
漏油	1. 油烟机安装不平 2. 风管座密封胶腐烂	1. 参考安装方法保持水平 2. 重新装好密封胶
清洗功能失效	1. 清洗泵坏 2. 控制器不工作	1. 更换清洗泵 2. 更换控制器

5. 自动油烟检测功能的双电动机抽油烟机电路分析

图 3.4.5 为一种具有自动油烟检测功能的双电动机抽油烟机控制电路。图中,继电器 K1 是控制双电动机供电的主要部件,继电器 K2 用于控制照明灯。

在手动状态时,开关 S1 置于手动位置。操作开关 S2 点亮照明灯,操作开关 S3 接通电动机强风挡,操作开关 S4 接通电动机弱风挡,S3 和 S4 有连锁装置。

在自动状态时,开关 S1 置于自动位置。手动开关不起作用。K1 - 1 为继电器 K1 的触点,K2 - 1 为继电器 K2 的触点。

交流 220 V 电压经降压变压器 T 后,再经桥式整流电路(VD1～VD4)整流、电容 C_1 滤波,变成稳定的直流电压,经 R_1 为油烟检测传感器的 A 极供电,B 极经 R_{P1} 接地。交流 220 V 电压的另一路直接送到电动机的控制部分,为电动机供电。

炒菜时产生的油烟作用到油烟检测传感器 QM - N10 后,A、B 极之间的阻抗降低,B 极电压上升,VD8 导通,反相器 F2 的输入端为高电平,输出端为低电平,经 F3 输出高电平。V2 导通,K1 动作,K1 - 1 触点闭合,接通电动机强风挡电源,电动机启动工作,油烟消除后,K1 复位,电动机自动停机。

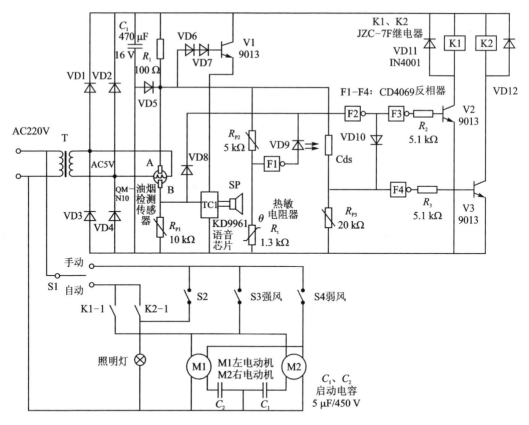

图 3.4.5 一种具有自动油烟检测功能的双电动机抽油烟机控制电路

反相器 F1、R_{P2} 和负温度系数热敏电阻器 R_t 构成温度检测电路。如果做饭时温度升高,则热敏电阻器 Rt 的阻值降低,反相器 F1 的输入电平变成低电平,输出变为高电平,VD9 导通,使 F2 输入变为高电平,输出变为低电平。经反相器 F3 输出高电平,V2 导通,K1 动作,K1-1 接通,电动机高速旋转,开始排风、降温。当温度降低后,R_t 的阻值上升,F1 输出低电平,K1 复位,电动机停转。

光敏电阻器 Cds、R_{P3} 和 F4 构成光检测电路。当光线较暗时,Cds 的阻值较高,F4 输入为低电平,输出为高电平,V3 导通,继电器 K2 接通电源,K2-1 触点接通,自动接通照明灯。在环境光比较亮的情况下,F4 的输入为高电平,输出为低电平,K2 复位,照明灯不亮。

3.5 电子消毒柜

电子消毒柜又称电热消毒器、电子消毒碗柜、电子食具消毒柜等,是一种集食具消毒、烘干、保洁、储存于一体的新型厨房电器。目前,电子消毒柜已成为家电市场的热点,并且逐渐进入家庭、托儿所、接待室、会议厅、办公室、宾馆、饮食行业和医疗卫生等单位。

3.5.1　电子消毒柜的种类和特点

电子消毒柜按工作原理可分为:高温型电子消毒柜、低温型电子消毒柜和同时具有高温和臭氧消毒的双功能电子消毒柜。

高温型电子消毒柜采用远红外线石英电热管高温消毒,杀菌效果好,升温速度快,时间短,工作时没有气味产生,并兼有烘箱辅助功能。它适用于消毒金属、陶瓷、玻璃制成的餐具和茶具,但不适用于消毒塑料餐具,而且耗电量比较大。低温型电子消毒柜利用电晕放电产生臭氧杀灭病毒和细菌,具有消毒杀菌效率高、不改变消毒器具的温度以及消耗功率低等特点,适用于任何材料(包括塑料)制成的餐具。但在臭氧还原过程中,有时柜门门封不好、会有少量臭氧的难闻气味溢出。高温臭氧型电子消毒柜则具有前两种的特点。

3.5.2　电子消毒柜的结构和工作原理

1. 高温型电子消毒柜的结构与工作原理

(1) 结构

高温型电子消毒柜又称远红外线消毒柜,最大特点是外形美观、结构合理、消毒彻底、免蒸煮、无高压、无残毒留存、无污染、安全可靠等。图3.5.1是高温型电子消毒柜的外形结构图,主要由箱体、碗碟杯架、电热管、温控器、柜门、电源开关、指示灯和电源

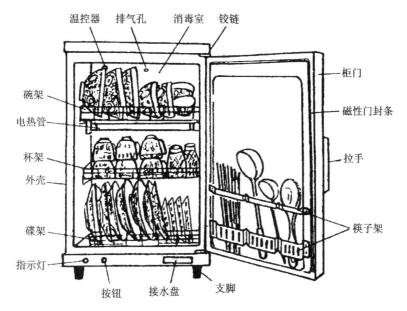

图 3.5.1　高温型电子消毒柜外形结构图

线等组成。箱体由内壳、外壳构成。内壳用薄铝板,外壳用薄不锈钢板冲压铆合制成,光亮美观,坚固耐用。在内壳和外壳之间填满了发泡性聚氨隔热保温层,以达到密封保温、少耗能的目的,同时避免高温消毒时触摸外壳而造成意外烫伤。

碗碟杯架用钢丝弯制焊接成网篮状,并且能承载一定数量的食具而不变形,表面经电镀铬镍处理,既防锈又光亮美观。碗架在箱体的上层,中层为杯架,下层为碟架。架子两侧用滑槽固定,可以推入和拉出。

电热管采用远红外线石英电热管,是高温型电子消毒柜的核心部件,主要功能是通电后迅速发热,为消毒柜提供热能。电热管采用密封式,由石英玻璃管、螺旋状电热丝、瓷帽、螺杆引棒等构成。石英玻璃管为乳白半透明状,经特殊工艺加工成通心管,壁部布满了大量小气泡或气线。电热丝通电处于红热状态,能发射可见光和红外线。由于乳白石英能吸收电热丝所发射的可见光,引起石英玻璃中晶格强烈振动,产生红外辐射,从而提高电热管的辐射效率。消毒柜安装两支电热管(个别产品安装3支电热管)。在消毒室的底层和碗架内壁以水平状态各安装一支 300 W 电热管,在电热管外面设置了保护架,可以有效地防止碰坏电热管。

温控器采用密封型碟形温控器,安装在箱体背部上端。它串联在电路中,当消毒室的温度(t)达到 141℃时,温控器的双金属片受热产生变形,使动静触点分开,切断电路的电源。当温度下降时,双金属片变形复位,动静触点恢复接触。由于电路加入了继电器,继电器触点复位后,电路不再被接通,如须消毒,要重新按动开关。

柜门的结构与选用的材料同消毒室一样,门内四周设置了用耐热橡胶制成的磁性封条,结构类似电冰箱,以提高消毒室的密封和保温性能。在门内的下端还安装了栏栅式筷子架,羹匙、勺子、锅铲等插在筷子架内。在门柜的左或右侧上下转轴安装了铰链,支承柜门及转动,门外安装了明式或暗式拉手,便于开门和关门。

(2) 工作原理

高温型电子消毒柜采用物理方法高温消毒,即利用远红外线加热速度快、穿透力强的特点,在密闭消毒室内以 125℃高温对食具杀菌消毒。图 3.5.2 是高温型电子消毒柜电原理图。XP 为电源插头。FA 为超温保险器,当消毒室出现非正常短路和温升超高时会自动熔断,起保险作用。SB 为按钮开关,ST 为碟形温控器,KA 为交流继电器,

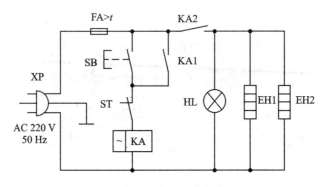

图 3.5.2 高温型电子消毒柜电原理图

KA1 和 KA2 为继电器转换触点, HL 为电源指示灯, EH1 和 EH2 为远红外线石英电热管。将 XP 接通 220 V 交流电源, 启动按钮开关 SB, 电源经过 FA 和 ST, KA 得电动作, KA1 和 KA2 吸合, 电源指示灯 HL 发亮, 电热管 EH1 和 EH2 得电升温。当消毒室的温度达到 125℃时, 温控器 ST 的双金属片位移, 使动静触点分开, 继电器 KA 失电释放, KA1 和 KA2 转换触点复位, 电路电源被切断, 电源指示灯熄灭, 表示消毒完成。如再须消毒, 则重新启动按钮。

2. 高温臭氧双功能电子消毒柜的结构与工作原理

(1) 结构

高温臭氧双功能电子消毒柜又称双门双温电子消毒柜, 在高温型电子消毒柜的基础上增设臭氧消毒功能, 是一种消毒功能较齐全的产品, 可同时进行高温、臭氧消毒。图 3.5.3 是高温臭氧双功能电子消毒柜的外形图和结构图。从图可知, 这种高温臭氧双功能电子消毒柜实际上是由高温型电子消毒柜和低温型电子消毒柜合为一体的消毒柜。高温消毒室在消毒柜的下方, 它的结构与高温型电子消毒柜基本相同, 这里就不再重复叙述。臭氧消毒室在消毒柜的上方, 是一个独立的单元, 内设层架, 用于放置茶具餐具。在消毒室的顶部安装消毒柜的核心部件——微型臭氧发生器, 功率为 3 W 左右。它利用臭氧发生器高压放电, 激发空气中的氧气电离, 产生臭氧(O$_3$)在消毒室内流动。臭氧是一种强氧化剂和杀菌剂, 臭氧进入细菌、病毒的细胞内部, 破坏其结构与氧化酶, 起到杀灭细菌和病毒作用, 从而达到消毒食品的目的。

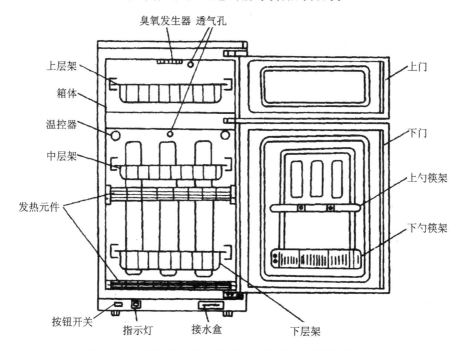

图 3.5.3 高温臭氧双功能电子消毒柜的外形图和结构图

（2）工作原理

图 3.5.4 是某高温臭氧双功能电子消毒柜电路图。

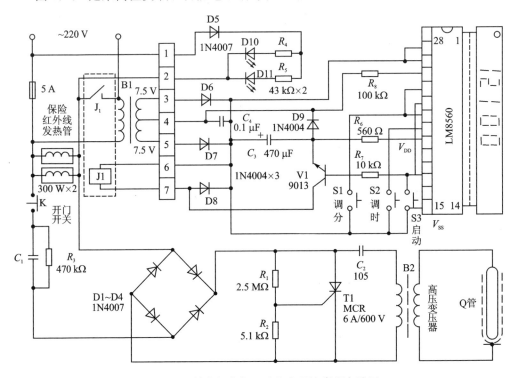

图 3.5.4　某高温臭氧双功能电子消毒柜电路图

接通电源后，220 V 电压经保险传至变压器，降压为交流 7.5 V，经 D6、D7 整流、C_3 滤波变换为直流电压，加到 CPU（LM8560）的 28 脚，启动 CPU 进入待机状态。

如果按动启动键 S3，CPU 进入工作状态，对驱动管 V1 基极提供高电压，V1 饱和导通使继电器 J1 吸合其触点接通，使 220 V 电源电压提供给红外线发热管和臭氧发生电路，红外线发热管得电进行加热消毒。同时，220 V 电压还通过二极管 D5、电阻 R_4 和发光二极管 D10、R_5 和 D11、继电器 J1 触点形成回路，使发光二极管 D10、D11 发光，指示当前处于消毒工作状态。

若门控开关关闭，则 K 闭合，220 V 电压电源通过 R_3、C_1 降压为交流 10 V 左右，再经 Dl～D4 整流为 15 V 左右脉动直流电压。该电压在单向晶闸管 T1 截止期间通过升压变压器 B2 的初级绕组、升压电容 C_2 构成的回路为 C_2 充电，充电电流还使 B2 的初级绕组产生上正、下负的电动势，此时 B2 的次级绕组相应产生上正、下负的电动势。C_2 充电结束后，通过 R_1 为 T1 的 G 极提供触发电压，使 T1 导通。T1 导通后，C_2 存储的电压通过 T1 放电，使 B2 的初级产生下正、上负的电动势，于是 B2 的次级绕组产生下正上负的电动势。当市电过零时 T1 截止，C_2 再次被充电。这样，C_2 通过不断地充电、放电，就可以使 B2 的次级绕组输出 1.6 kV 左右的脉冲电压。该电压为臭氧管 Q 供电后，利用臭氧在空气中拉弧放电，电离空气中的氧分子，使之成为臭氧进行消毒，同时伴有"沙沙"的放电声。

3.5.3　电子消毒柜的常见故障与检修

1. 柜内温度不够

远红外高温消毒柜标称温度为 125℃,若柜内温度长时间低于 100℃,表明柜内温度不够,检修方法如下:

① 远红外电热管烧坏。检查时,接通电源使消毒柜工作,数分钟后打开柜门观察,正常情况下石英玻璃电热管外表面呈红色。陶瓷外壳的远红外线电热管的塑料棒接触表面时,应冒烟并有熔化。否则待其冷却后,拆下电热管用万用表测其电阻,对 300 W 的电热管,正常阻值为 160～170 Ω,若电阻为无穷大,说明已烧坏,应予更换。

② 电热管接线栓处接触不良。卸下电热管,用细砂纸将氧化层清理干净,使其接触良好。

③ 温控器触点未调好或接触不良。应调整触点簧片,并将触点污物去除,用细砂纸打磨干净即可,必要时予以更换。

④ 继电器触头氧化或线圈烧坏。打开消毒柜底板检查,对因触头氧化造成的接触不良,可通过研磨触头解决;线圈损坏时,应重绕或更换继电器。

2. 柜内温度过高

检修步骤如下:

① 控温器损坏常见为触点粘连或簧片变形。检修时,打开消毒柜背板,拆出温控器,将粘连触点割开,用细砂纸修平,并调整簧片,使其恢复正常,必要时进行更换。

② 电器触头熔结。拆开底板,用螺丝刀使触头熔结脱离,然后用细砂纸修平触头即可恢复正常。

3. 臭氧发生器损坏

检修步骤如下:

① 臭氧发生管老化或漏气检查时,使消毒柜处于工作状态,若听不到"哒哒"电击声、闻不到臭氧气味,说明臭氧发生器故障。若用万用表测量臭氧发生器的输入电压正常,应切断电源,卸下臭氧发生器,取出臭氧玻璃管电极两引线,使两铜芯相距 2 mm 左右。这时接通电源,正常情况下在高压输出线端产生火花,击穿 2 mm 左右的空气产生"嗒嗒"声;若装上玻璃管后不产生电火花,说明臭氧发生管老化或漏气,应予更换。

② 子脉冲发生器电路有关元件损坏检查时,重点检查整流二极管、可控硅、电阻是否损坏,用万用表查出后应更换新元件;对于用线绕铁芯的升压变压器作为激发器的,只要测量初、次级线圈电阻,即可确定有无损坏,损坏时应重新绕制线圈或更换变压器。

4. 定时器损坏

此故障多是由定时器触头氧化造成接触不良引起的。检修时,只要打开定时器,并

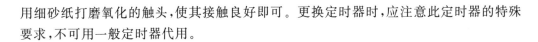

用细砂纸打磨氧化的触头,使其接触良好即可。更换定时器时,应注意此定时器的特殊要求,不可用一般定时器代用。

习题 3

一、填空题

1. 电饭锅按加热方式的不同,可分为_____和_____两种。

2. 微波炉的电子控制系统按控制方式,可分为_____和_____型两种。

3. 电磁灶是一种利用_____原理将电能转换为热能的厨房电器。

4. 吸油烟机按风机的机型分有_____和_____两种。

5. 高温型电子消毒柜采用_____高温消毒,杀菌效果好,升温速度快,时间短,工作时没有气味产生,并兼有烘箱辅助功能。

二、选择题

1. 超温熔断器的额定动作温度是(   )。

   A. 60℃   B. 70℃   C. 80℃   D. 185℃

2. 微波炉中磁控管的工作频率是(   )。

   A. 50 Hz   B. 2 450 MHz   C. 465 kHz   D. 38 MHz

3. 电磁灶是一种利用电磁感应原理将电能转换为(   )能的厨房电器。

   A. 热   B. 光   C. 风   D. 机械

4. 吸油烟机出现吸力不强的故障现象,可能的故障原因是(   )。

   A. 安装距离太高   B. 风轮被卡住   C. 电容器坏   D. 电机损坏

5. 低温型电子消毒柜利用(   )来杀灭病毒和细菌。

   A. 低温   B. 高温   C. 酒精   D. 臭氧

第 **4** 章

家用照明电器

4.1 家用照明电器概述

4.1.1 家用照明电器的组成和分类

1. 家用照明电器的组成

家用照明电器由灯具和光源两部分组成,灯具指控制光源发光及其分布的一种装置。光源指发光元件或发光体,如白炽灯泡、荧光灯管等。可以认为,灯具就是不带光源的照明器,当然也可以说照明器就是带有光源的灯具。

灯具的具体作用有以下几个方面:

① 固定光源,保护光源,使其免受机械力损伤,并为其安全供电。

② 保证照明安全。因为有些场合直接使用裸光源照明是绝对不允许的,如有易燃易爆气体的场合,就必须使用防爆灯具照明。

③ 合理配光,提高光效。即将光源发出的光通过灯具重新分配,并尽可能多地输送出来,以达到合理高效使用的目的。

④ 防止产生眩光,保护视力健康。

⑤ 装饰光源,美化生活,创造舒适、明亮、愉快的视觉环境,以提高工作质量和效率。

2. 家用照明电器的分类

家用照明电器的分类方法很多。按照照明电器的主要功能,可以分为一般照明电器和装饰性的照明电器两大类。若按使用的光源种类,又可分为白炽灯、荧光灯、LED灯和气体放电灯等。表4.1.1所列为常用照明光源的性能参数。

物体的颜色与所采用的光源有关,人们长期习惯在阳光下生活,所以就把在阳光下看到的物体颜色作为物体的本色,而把其他光源下看到的物体颜色与之比较,差异越小,其显色性就越好,差异越大,其显色性就越差。把各种光源还原物体本来颜色的能力用数量化的指标描述,这就称为光源的显色性或显色指数。白炽灯是连续光谱,接近于日光谱,故其显色性好。

光源的光效指光源的发光效率,即消耗 1 W 电能光源能够发出多少 1 m 的可见光。

表 4.1.1　常用照明光源的性能参数

光源种类	功率范围/W	发光效率/(lm·W^{-1})	色温/K	一般显色指数/Ra	平均寿命/h	驱动时间	再驱动时间
白炽灯	10～1 000	6.5～19	2 400～2 950	95～99	1 000	瞬时	瞬时
卤钨灯	500～2 000	19.5～21	2 970～3 050	95～99	1 500	瞬时	瞬时
荧光灯	4～100	17.5～60	6 500	70～80	700～3 000	1～4 秒	1～4 秒
高压水银荧光灯	50～1 000	30～50	5 500	30～40	2 500～5 000	4～8 分	5～10 分
自镇流高压水银灯	250～750	22～30	4 400		3 000	4～8 分	3～6 分
金属卤化物（钠、铊、铟)灯	400～1 000	70	5 500～6 500	65～70	1 000	4～8 分	10～15 分
金属卤化物（镝)灯	250～480	72	6 000	80	1 000～1 500	4～8 分	10～15 分
高压钠灯	250～400	90	2.00	20～25	5 000	4～8 分	10～15 分
氙灯	1 500～50 000	20～31	5 500～6 000	90～94	500～1 000	瞬时	瞬时

4.1.2　LED 灯

　　LED 灯是在一块电致发光的半导体材料芯片上,用银胶或白胶固化到支架上,然后用银线或金线连接芯片和电路板,四周用环氧树脂密封保护,最后安装外壳形成的灯具。

　　半导体晶片由两部分组成,一端是 P 型半导体,空穴为多子;另一端是 N 型半导体,电子是多子。这两种半导体连接起来时,就形成 P-N 结。当 P-N 结加正向电压时,电子就会被推向 P 区,在 P 区里电子与空穴复合,然后就会以光子的形式发出能量,这就是 LED 灯发光的原理。光的波长(光的颜色)由 P-N 结的材料决定。

　　LED 可以直接发出红、黄、蓝、绿、青、橙、紫、白色的光。

　　LED 光源具有工作电压低、耗能少、适用性强、稳定性高、响应时间短、对环境无污染、多色发光等优点。虽然有价格高等的缺点,仍被认为有替代现有照明器件的潜力,广泛用于建筑物外观照明、景观照明、标识与指示性照明、室内照明、娱乐场所及舞台照明、视频屏幕、车辆指示灯照明等场合。

　　LED 灯比节能灯更节能,其消耗的能源是节能灯的 25%。因为普通节能灯将其中一部分的电能转化为热能而流失掉,LED 灯则没有这个问题。

　　电子节能灯实际上是一种紧凑型、自带镇流器的荧光灯。LED 灯与节能灯的发光原理不同。

1. 常见的 LED 电性能参数

1）LED 正向电压 VF

不同颜色的 LED 在额定的正向电流条件下有各自不同的正向压降值,红、黄色:
1.8～2.5 V 之间,绿色和蓝色:2.7～4.0 V 之间。对于同种颜色的 LED,其正向压降
和光强也不是完全一致的。

2）LED 的额定工作电流 IF

LED 的额定电流各不相同,普通的 LED 电流一般为 20 mA,大功率的 LED 电流
一般为 40 mA 或 350 mA 不等。

3）LED 的功率

LED 功率的大小各不相同,有 70 mW、100 mW、1 W、2 W、3 W、5 W 等,所以必
须根据所选择的 LED 设计合理地使用电路和配置合适的 LED 数量,使其完全满足
LED 电源的额定值。如果设计的电路使每个 LED 分担电压或电流过高,则会严重影
响 LED 的使用寿命甚至烧毁 LED;如果分担的电压或电流过低,则激发的 LED 光强
不够,就不能充分发挥 LED 应有的效果。

2. LED 连接电路的常见形式

1）串　联

串联电路如图 4.1.1 所示,这种电路需要电源提供较高的电压。

$V_总$＝各 LED 的 VF 之和＝VF_1＋VF_2＋$\cdots$＋VF_N

$I_总$＝单颗 LED 的 IF 值

为了能有效控制 LED 的电流,须在电路中配置适当的限流电阻。

R＝（V 输入电压－VLED 总电压）/I（流过限流电阻的电流）

2）并　联

并联电路如图 4.1.2 所示,这种电路需要电源能提供较高的电流。

$V_总$＝单颗 LED 的 VF 值

$I_总$＝各 LED 的 IF 之和＝IF_1＋IF_2＋$\cdots$＋IF_N

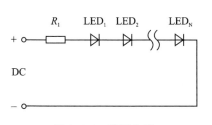

图 4.1.1　串联电路

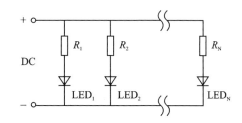

图 4.1.2　并联电路

3）串/并联组合

串/并联电路如图 4.1.3 所示。在实际运用中,负载常通过串/并联形成的 LED 阵
列将 LED 连接成串/并联组合的形式,从而大幅降低因少数 LED 的 VF 不一致造成的

影响。

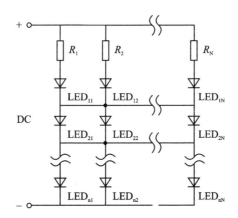

图 4.1.3　串联/并联电路

LED 驱动电源是 LED 照明的支撑,因为 LED 的单个电压无法做得很高,所以需要单独的稳定电源来提供驱动和调整。按驱动方式可分为恒流式和稳压式两大类。LED 驱动电源的研发生产费用高,这也是 LED 灯价格贵的原因之一。

4.2　电子调光灯

4.2.1　电子调光灯的结构

图 4.2.1 为电子调光灯的外形图,由白炽灯、灯罩、波纹管、底座、调节旋钮、电源线及电源插头等组成。

图 4.2.2 为白炽灯的构造图。白炽灯的作用是将电能转变成光能和热能,主要由玻璃壳、灯丝(钨丝)、玻璃芯柱、灯头、支撑轴(钼丝)、固定轴、内导丝、封装气体(氩气)、眼片等组成。灯丝细而软,它的中间各点由支撑轴(钼丝)支撑。灯丝两端由内导丝支撑,内导丝与压在玻璃芯柱内的杜镁丝焊接在一起,杜镁丝起着密封和导电的双重作用。杜镁丝的另一端与外导丝焊在一起,外导丝穿过灯头上的眼孔,用焊锡把它同眼片焊在一起,成为导电的触点,其四周被玻璃或陶瓷绝缘。灯丝达到一定的温度时,钨丝会被氧化而蒸发。因此,为防止钨丝被氧化、延长灯丝的寿命,玻璃壳内封装了氩气等惰性气体。金属灯头用热固化焊泥同玻璃壳紧固在一起。灯罩有金属和塑料两种,起反射光线、避免眩光的作用。波纹管可以在一定范围内弯曲,方便人们的使用;底座起支撑灯头、安装电子线路板及旋钮的作用。电子线路板密封在底座内,通过转动调节旋钮,可以调节灯光的强弱。

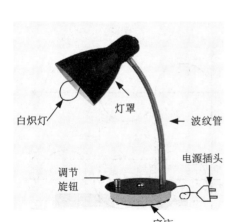

图 4.2.1　电子调光灯的外形图

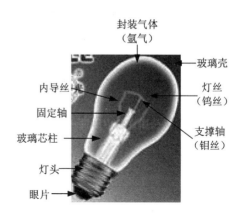

图 4.2.2　白炽灯的构造

4.2.2　电子调光灯的工作原理

目前,市场上出售的电子调光台灯多用调节可控硅导通角的方法控制流过灯泡的电流,从而改变灯泡的亮度,满足不同环境的照明需要。白炽灯泡的灯丝一般由很细的钨丝绕成螺旋形,它有很高的熔点(3 680 K)和很低的蒸发率,可以在很高的温度(2 400～2 600 K)下长期工作。当电流通过它时,灯丝发热呈白炽状态而发光,所以白炽灯属于热辐射电光源。改变灯丝的电流就能改变灯泡的工作温度,白炽灯泡发光强度便发生变化。电子调光灯的发光强弱是通过电子电路使灯丝的电流变化而实现的。

市售几种调光台灯常采用如图 4.2.3 和图 4.2.4 所示的电路,虽电路略有不同,但工作原理基本相同。在图 4.2.3 双向可控硅调光电路中,灯泡用交流供电,使用双向可控硅调光;图 4.2.4 单向可控硅调光电路中,灯泡用直流供电,使用单向可控硅调光。现以图 4.2.3 电路为例介绍其工作原理,其中电源开关 K、白炽灯 EL、双向可控硅 VT、电感 L 与电源构成主回路。如果 K 闭合且 VT 导通,灯泡便有电流通过;若 VT 不导通,灯泡中就没有电流。电位器 R_P、电阻 R、电容 C_2 和双向二极管 VD 组成可控硅 VT 的触发电路。其中,R_P、R 和 C_2 组成 RC 相移电路。假定拆除 VD,两端的电压 U_C 滞后电源电压 U_i 角度 α,U_i、U_C 的波形如图 4.2.5 所示。当 R_P 阻值调至最大时,滞后角度 α 最大;当 R_P 阻值调至最小时,滞后角度 α 最小。将双向二极管连接上后,可控硅就受移相电压的控制,当移相电压达到双向二极管的阈值电压 U_{T+} 和 U_{T-} 时,导通触发 VT 使其由关断状态转为导通状态。当输入电压变化到零电位时,双向可控硅自动关断,这样通过白炽灯的平均电流受电位器的控制,所以调整电位器旋钮可以方便地调整灯光的强弱。L 和 C_1 构成高频滤波器,用来防止通过白炽灯电流的高次谐波对附近收音机或电视机等设备的干扰。由于 L 的线径粗且匝数少,C_1 容量很小,所以它们的阻抗不会影响灯泡的亮度。

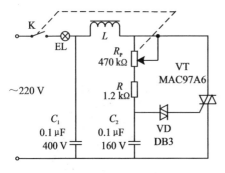

图 4.2.3 双向可控硅调光电路

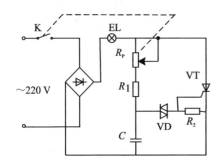

图 4.2.4 单向可控硅调光电路

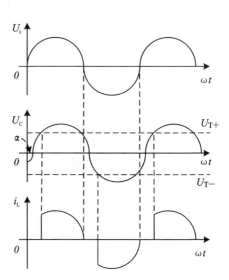

图 4.2.5 双向可控硅调光电路电压波形图

4.2.3 电子调光灯的常见故障与检修

下面以图 4.2.3 所示的双向可控硅调光电路为例介绍电子调光灯常见故障的检修。

1. 接通电源后灯泡不发光

首先确认开关 K 及灯泡是否损坏,导线接头有无松动或脱落。再用万用表测 C_2 两端电压,在调节 R_P 时,C_2 两端电压能在 15～25 V 之间变化,说明电压调节电路基本正常,此时再检测可控硅是否被击穿断路。如果可控硅未损坏,则是双向二极管损坏,更换后即可排除故障。

2. 调光失控

接通电源灯泡发光达最大亮度,但不能调节亮度。先检查可控硅是否击穿短路,若可控硅未损坏,则多为电位器 R_P 滑动触点开路,不能改变 C_2 的充电时间常数所致,修理或更换 R_P 即可。

3. 调光范围窄,灯光变化不明显

发生该故障的原因一般是由于双向可控硅性能变差,导通范围较小,可予以更换。电容 C_2 漏电或开路也会引起此故障。

4. 台灯点亮时对附近的电视机、收音机有干扰

发生此类故障时应检查由 L 和 C_1 构成的高频滤波电路是否有元件损坏。有的厂家为降低成本,省掉了高频滤波电路,可自行加装。C_1 选用 0.1 μF、耐压大于 400 V 的涤纶电容,L 在 $\phi 10 \times 40$ mm 磁芯上用直径为 1 mm 的漆包线绕 80 匝。

4.3　荧光灯

白炽灯将输入电能大部分转变为热能,只有 10% 左右的电能用于发光,且寿命仅为 1 000 小时左右。荧光灯克服了这些缺点:发光效率提高到白炽灯的 4 倍,寿命在 700～3 000 小时之间,成为家庭照明用具中的主要成员。

4.3.1　电感镇流器荧光灯

1. 电感镇流器荧光灯的组成

图 4.3.1 为电感镇流器荧光灯的电路图,电感镇流器荧光灯电路由荧光灯管、电感镇流器、启辉器和开关等组成。

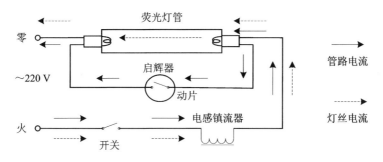

图 4.3.1　电感镇流器荧光灯电路图

图 4.3.2 为荧光灯管的结构图,灯丝由涂有易发射电子物质的钨丝绕制而成,通电预热可发射电子;玻壳可吸收紫外线,涂在玻壳内壁上的荧光粉,受紫外线激发能发出可见光;充入管内的少量液态汞在电离放电时可发出紫外线;灯头用于固定灯脚,支撑灯管;灯脚用于接通电路。

电感镇流器是一个含铁芯的电感线圈,通交流电时产生一定的电感阻抗,起限流与分压作用。在断路的瞬间,产生一个很高的感应电动势,与电源电压叠加在灯管的两端。

图 4.3.3 为启辉器的结构图,在铝质或塑料壳内,装有一个玻璃氖泡,内充惰性气体,并有两个触片:一是静触片,一是用双金属片组成的 U 形动触片。动触片受热伸展与静触片搭接,冷却后又可恢复原位。玻璃氖泡两端并有一个 0.005～0.006 μF 的纸

质电容器,主要用于减少对收音机、电视机等声像设备的干扰。

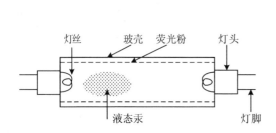

图 4.3.2 荧光灯管的结构图

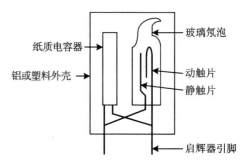

图 4.3.3 启辉器的结构图

2. 电感镇流器荧光灯的工作原理

如图 4.3.1 所示,当接通开关时,电源电压经过电感镇流器和灯管灯丝加在灯管和启辉器两端。这个电压不足以使灯管导电,却可使启辉器氖泡中的惰性气体电离辉光放电,产生大量的热,从而使双金属片组成的 U 形动触片受热伸展与静触片搭接,使电路闭合成回路。这时电流流经灯丝(如实线箭头所示),灯丝受热发射电子。与此同时,由于氖泡中两极闭合,电压为零,辉光放电随之消失,氖泡中温度下降,动触片冷却恢复原位,与静片脱离,使启辉器回路又成开路。就在这电路突然切断的瞬间,镇流器产生一个很高的自感电动势,与电源电压叠加,加在灯管两端,灯丝发射的大量电子在这高电压下加速运动,碰撞管中惰性气体使之电离,同时放热,使管中液态汞蒸发。汞蒸气分子受电离放电,发出强烈的紫外线。紫外线激发管内壁的荧光粉发出可见光。此时,在镇流器的感抗限流分压作用下,灯管内的电子与离子在稳定的管压降作用下有规则地运动,形成管路中的电流(如虚线箭头所示)。由于灯管两端的电压降不能再使启辉器中的氖泡内惰性气体电离,所以启辉器在日光灯正常工作时就不再起作用了。

很明显,电感镇流器荧光灯电路简单,造价便宜是其最大的优点。缺点是电感镇流器体积大而重,功率因数较低,其耗能占灯功率的 20% 左右,尤其是 50 Hz 交流电给荧光灯带来的频闪效应对保护视力极为不利,而且电源电压低于 180 V 时启动困难,噪声大。

3. 电感镇流器荧光灯的常见故障及检修方法

电感镇流器荧光灯的常见故障及检修方法如表 4.3.1 所列。

表 4.3.1 电感镇流器荧光灯的常见故障及检修方法

故障现象	产生原因	检修方法
灯管不亮	1. 灯座接触点接触不良或电路接线松动 2. 启辉器损坏或与启辉器座接触不良 3. 镇流器线圈或管内灯丝断裂或脱落 4. 无电源	1. 重新安装灯管或重新接好导线 2. 先旋动启辉器看是否发亮,再检查线头是否脱落,排除后仍不发光,应更换启辉器 3. 用万用表电阻挡检查线圈和灯丝是否断路 4. 验明是否停电或熔丝熔断

续表 4.3.1

故障现象	产生原因	检修方法
灯管光度减低	1. 灯管使用太久的表现 2. 空气温度太低 3. 线路电压太低或线路压降太大	1. 更换新灯管 2. 升温或加罩 3. 检查电压及线路用线
镇流器发热	1. 灯架内温度过高 2. 电路电压过高或容量过载 3. 内部线圈或启辉器内部电容器断路或接线不良 4. 灯管闪烁时间或连续使用时间过长	1. 改善装置方法 2. 检查调整电压或调换镇流器 3. 修理或更换镇流器 4. 检查闪烁原因或减少连续使用时间
关掉开关,灯发微光	1. 荧光粉余辉发光 2. 火线直接接灯丝	1. 不影响使用 2. 火线接开关
灯管两端发亮,中间不亮	启辉器接触不良,或内部小电容击穿,或启辉器座线头脱落,或启辉器损坏	更换启辉器或将击穿的电容剪去后继续使用
启辉困难(灯管两端不断闪烁,中间不亮)	1. 启辉器规格与灯管不配套 2. 电源电压过低 3. 环境温度过低 4. 镇流器规格与灯管不配套,启辉电流过小 5. 灯管老化	1. 更换启辉器 2. 调整电源电压,使电压保持在额定值 3. 可用热毛巾在灯管上来回烫(须注意安全) 4. 更换镇流器 5. 更换灯管
灯光闪烁或管内有螺旋形滚动光带	1. 启辉器或镇流器连接不良 2. 镇流器不配套,工作电流过大 3. 新灯管暂时现象 4. 灯管质量不良	1. 接好连接点 2. 更换镇流器 3. 使用一段时间后会自动消失 4. 更换灯管
镇流器声音异常	1. 铁芯叠片松动 2. 线圈内部短路(伴随过热现象) 3. 电源电压过高	1. 紧固铁芯 2. 更换线圈或整个镇流器 3. 调整电源电压
灯管寿命过短	1. 镇流器不配套 2. 开关次数过多 3. 接线错误导致灯丝烧毁 4. 电源电压过高	1. 更换镇流器 2. 减少不必要的开关次数 3. 改正接线 4. 调整电源电压

4.3.2　电子镇流器荧光灯

电子镇流器荧光灯由电子镇流器和荧光灯管组成,具有低电压启辉、无频闪、无噪声、高效节能、开灯瞬间即亮等特点。电子镇流器型号繁多,但电路模式简单,大同小异。图 4.3.4 为某电子镇流器外观及其内部电路板实物图,其电路如图 4.3.5 所示。

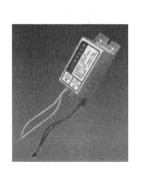
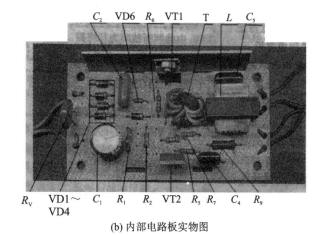

(a) 外观图   (b) 内部电路板实物图

图 4.3.4   电子镇流器外观图和电路板实物图

1. 电子镇流器荧光灯的工作原理

图 4.3.5 为某一型号电子镇流器荧光灯电路图。电路主要由 3 部分组成:① 由 4 支整流二极管 VD1~VD4 和电容 C_1 组成的桥式整流滤波电路;② 高频开关振荡电路,由电阻 R_1、电容 C_2、双向触发二极管 VD6、三极管 VT1、VT2 和环形磁芯变压器 T 等构成;③ 输出负载谐振电路,由扼流线圈 L、谐振电容 C_3 和 C_4 等构成。

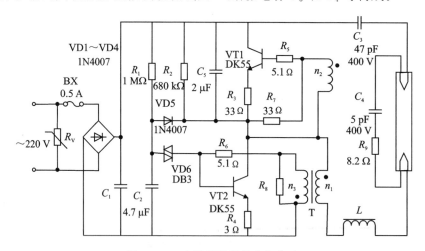

图 4.3.5   电子镇流器荧光灯电路

220 V 交流电经 VD1~VD4 和电容 C_1 整流滤波后,得到约 300 V 的直流电压,经 R_1 给 C_2 充电。当 C_2 两端电压超过 VD6 转折电压(约 31 V)时,VD6 导通,给 VT2 基极一个触发脉冲,使 VT2 首先导通。此时,直流电源通过荧光灯丝、R_9、C_4、L、T 的绕组 n_1、VT2 和 R_4 给 C_3 充电。充电开始时,由于流过脉冲变压器 T 的线圈 n_1 上电流不能突变。因此,随着充电电流增大,n_1 产生上负下正的感生电压,使反相线圈 n_3 感应生成上正下负的感应电压,加速 VT2 导通。随着充电电流的减小,n_1 上的感生电压转换为上正下负,同向线圈 n_2 产生上正下负的感应电压使 VT1 导通,而 n_3 感应电压变为上负下正而使 VT2 截止,故 C_3 又通过灯丝、R_9、C_4、L、n_1、R_3 和 VT1 形成放电回路。放电时,由于脉冲变压器 T 的线圈 n_1 对同相线圈 n_2 和反相线圈 n_3 的电感耦合作用,n_3 产生上正下负的感应电压而使 VT2 导通,而 n_2 产生上负下正的感应电压使 VT1 截止,故 C_3 又通过 L、n_1、VT2 和 R_4 形成充电回路。如此反复循环,VT1、VT2 轮流导通,形成频率约为 25 kHz 的自激振荡。电路起振后,C_2 经 VD5 和 VT2 不停地放电,使 VD6 不再产生触发电压,启动电路停止工作。高频电流通过 L、R_9、C_4、C_3 预热灯丝约 1 s 后,这时 L、R_9、C_4 和 C_3 等构成串联谐振电路谐振,在 C_4 两端产生足够高的谐振电压,点亮灯管。灯一旦被点亮,则 LC 串联电路失谐,灯管两端电压降为 100 V 左右,这时 L 只起限流作用,C_3 起隔直流电的作用,C_4 通过极小的电流对灯丝起辅助加热的作用。

2. 电子镇流器荧光灯的常见故障与检修

(1) 日光灯不亮

首先看灯管两端是否严重变黑,并取下灯管,测其灯丝是否烧断。再检查日光灯管插座与灯管接触是否良好,电子镇流器的接线有无松脱。如果无误,日光灯仍不能点亮,则是电子镇流器故障。

打开镇流器外壳,首先直观检查线路板上元件有无脱焊,铜箔线路有无断裂。上述检查无误后,应考虑元器件损坏。通电测量滤波电容 C_1 两端电压应为 300 V 左右,若电压为 0 V,说明保险丝熔断。保险丝烧断的常见原因是 VD1～VD4 中某整流二极管击穿,或滤波电容 C_1 严重漏电,或开关管 VT1、VT2 击穿损坏。

如果测得 C_1 两端电压正常,继续测量 VT1、VT2 集电极与发射极间的电压 U_{ce}。测量时,电子镇流器须接入日光灯电路中,应注意安全。若 U_{ce1} 接近 300 V,而 U_{ce2} 为 0 V,则通常是 R_9、C_4、C_3、T 和 L 各线圈某处开路。重点检查 C_4 是否失效,R_9 是否开路;若 $U_{ce1} \approx 270$ V,$U_{ce2} \approx 30$ V,则一般是 VT1 某脚虚焊;若测得 U_{ce1}、U_{ce2} 都很小,则一般是触发二极管 VD6、电容 C_2 或 R_1 虚焊或失效、开路;若 $U_{ce2} > 180$ V,U_{ce1} 很小,则一般是触发二极管 VD6 接触不良;若 $U_{ce2} \approx 300$ V 而 U_{ce1} 很小,则原因是 VT2 虚焊;若 $U_{ce2} \approx U_{ce1}$,为 200 V 左右,则常是 C_4 击穿损坏所致;另外,R_3、R_4、R_5、R_6、R_9 等阻值变大都会导致电路不能起振,可用万用表测在线电阻,应与标称值基本符合。

(2) 亮度较暗,且有网状亮斑移动

如果灯管良好,故障原因一般是开关功率管 VT1、VT2 特性不好或滤波电容 C_1 失效,需要更换。

(3) 灯管内亮斑闪动,有轻微频响声,启动慢

一般是谐振电容 C_4 漏电所致,须更换。

(4) 亮度低,有吱吱声且启动慢

一般是隔离电容 C_3 漏电所致,须更换。

(5) 灯管点亮后,有时会产生闪烁

通常是由于整流电路 VD1～VD4 中某整流二极管虚焊或电容 C_2 或 C_5 漏电,检

修时,先将 VD1～VD4 重焊一遍,若故障未排除,则分别检查 C_2、C_5 来确定故障元件。

(6) 通电后,灯管两端的灯丝呈暗红色

通常是因为谐振电容 C_4 严重漏电、触发二极管 VD6 性能变质或 C_3 严重漏电。检修时可分别检查 C_4、C_3、VD6 来确定故障元件。VD6 正常时,用万用表 $R×1K$ 挡测其正反向电阻均应为∞。若万用表指针向右摆动,则说明其性能变差。

另外,不少厂家生产的电子镇流器中没有安装电路中的压敏电阻 R_V 和保险丝 BX,当电网电压突然升高或雷击时,很容易损坏电子镇流器。

4.4　声光双控灯

声光双控灯由电子控制电路和白炽灯组成。图 4.4.1 为一个声光双控灯实物图。它白天能将灯关掉;夜晚需要照明时,只要用说话声、脚步声或击掌声,它就随声点亮电灯,并延迟数分钟后自动熄灭。由于它能在人们不用灯的情况下自动关灯,所以有显著的节电效果。

图 4.4.1　声光双控灯的实物图

4.4.1　声光双控灯的工作原理

1. 工作原理

图 4.4.2 是一个实用声光双控灯的电路图。其中,二极管 VD1～VD4 组成桥式整流电路,R_1、C_1 和 VD6 组成稳压滤波电路,话筒 MIC、电阻 R_3、电容 C_2、电阻 R_4、R_5 和三极管 VT2 组成声信号输入电路,电阻 R_6 和光敏电阻 R_G 组成光信号输入电路,与非门 F_1 和与非门 F_2 组成声信号和光信号与逻辑电路,VD5、R_7、R_8、C_3 组成延时电路,与非门 F_3、与非门 F_4 和电阻 R_2 组成触发电路,晶闸管 VT1 是控制灯的开关元件。

220 V 交流电通过灯 EL 后,经 VD1～VD4 桥式整流电路把交流电压变为脉动的直流电压,由 R_1 和 VD6 限流稳压、C_1 滤波,获得 9 V 左右的直流电压,作为控制电路

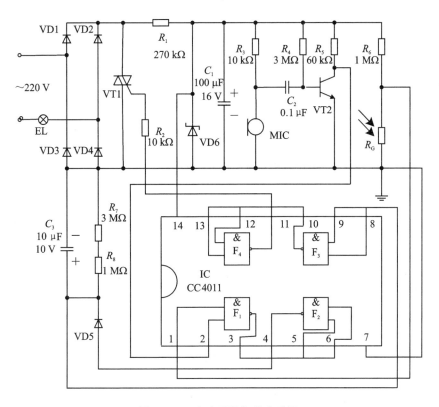

图 4.4.2 声光双控灯的电路图

的直流电源,这时通过灯泡的电流小于 2 mA,所以灯泡不会发光。电阻 R_6 和光敏电阻 R_G 串联分压,当光照射光敏电阻 R_G 时,它呈低阻状态,使与非门 F_1 的 1 端为低电平;若无光照射时,光敏电阻 R_G 呈高阻状态,使与非门 F_1 的 1 端为高电平。话筒 MIC 和电阻 R_3 将外界的声音信号转变成电信号,在外界无声的情况下,三极管 VT2 处于放大状态,使与非门 F_1 的输入端电压为输入低电平;若外界有声音,三极管 VT2 将会出现反复截止的状态,使与非门 F_1 的 2 端反复出现高低电平的过程。若与非门 F_1 的两个输入端有一个为低电平时,与非门 F_2 便输出低电平,只有当与非门 F_1 的两个输入端都为高电平时,与非门 F_2 才输出高电平。当与非门 F_2 输出高电平时,通过隔离二极管 VD5 给电容 C_3 充电,当 C_3 的充电电压达到与非门 F_3 的阈值电平时,使与非门 F_4 输出高电平,通过电阻 R_2 触发 VT1 使其导通,主回路便有较大的电流通过灯泡使其发光,VT1 导通后,与非门 F_1 的输入端很快变为低电平,与非门 F_2 输出为低电平,但延时电路的电容 C_3 通过 R_7、R_8 放电,经过大约两分钟的时间,下降到与非门 F_3 的阈值电平以下,使与非门 F_4 输出低电平,当交流电过零点时,VT1 自行关断。所以,白天灯泡不亮,只有到了晚上 MIC 接收到声音时,才能产生触发信号,使双向晶闸管 VT1 导通,灯泡发光,延时一段时间灯泡自动熄灭。

2. 元件选择

IC 选用 CC4011 型 4 个二输入与非门。VT2 选用 3DG6B，$\beta=80$。由于该装置直接将 220 V 市电整流，故要确保整流管 VD1～VD4 和电容 C_1 的耐压性能可靠，一般需用优质品，耐压性能高些。VD1～VD5 选用 1N4007；VD6 选用 2CW16；VT1 选用 1 A、400 V 双向晶闸管。MIC 选用 CZN17 型驻极体话筒。R_G 选用光敏电阻器 MG44。电路中所有电阻均选用 RJX－0.125W 型。

4.4.2　声光双控灯的常见故障与检修

① 晚上声音小时声光双控灯不亮，当声音很大时灯才亮。这是声信号输入电路灵敏度降低所致，其原因有话筒 MIC 灵敏度降低、电容 C_2 容量减小、三极管 VT2、电阻 R_4、R_5 等元件的参数改变造成的。

② 晚上声光双控灯不时发光。这一般是声信号输入电路灵敏度太高所致。检修时，对该部分电路的元件做与上相反的调整。

③ 白天有声音时声光双控灯便亮。这是光信号输入电路的故障。检修时，检查光敏电阻 R_G 是否接收光线不足，可采用清除光敏电阻处的灰尘、检查光敏电阻的位置是否正确、光敏电阻是否开路、适当增大 R_6 的电阻、降低与非门 F_1 的 1 端输入电平的办法加以解决。

④ 晚上有声音也不亮。原因是声信号输入电路在有声音时不能输出高电平、光信号输入电路输出低电平、集成电路 IC 损坏等。检修时，在有声时测量与非门 F_1 的 2 端是否为高电平。在无光时测量与非门 F_1 的 1 端是否为高电平，若不是高电平，则说明故障在相应的输入电路；若是高电平，则应检查集成电路 IC 的逻辑关系是否正确。

⑤ 白天晚上声光控制灯长亮。原因一般是双向晶闸管 VT1 被击穿，检修时，断电后用万用表的电阻挡测量 VT1 的两个阳极之间的电阻，若在 1 kΩ 以下，则说明双向晶闸管已经被击穿，应更换。

⑥ 灯亮的延时时间不合适。若灯亮的延时时间缩短了，有可能是电容 C_3 漏电或者是容量减小所致，可用一只相同的电容尝试。若延时时间不够，则可适当增大电阻 R_8 的阻值，或者增大电容 C_3 的容量。反之，减小电阻 R_8 或者电容 C_3 的数值。

习题 4

一、填空题

1. 家用照明电器由_____和_____两部分组成。

2. LED 连接电路的常见形式有_____、_____和_____组合。

3. 电子调光灯的发光强弱是通过电子电路使灯丝的_____变化而实现的。

4. 电子镇流器荧光灯由_____和_____组成，它具有_____、_____、

_____、_____、开灯瞬间即亮等特点。

5. 声光双控灯由_____和_____两部分组成。

二、选择题

1. 下列光源中,还原物体本来颜色的能力即显色性最好的是(　　)。

　　A. 金属卤化物灯　　　B. 高压钠灯　　　　C. 荧光灯　　　　　　D. 白炽灯

2. 电感镇流器荧光灯灯管光度减低,可能原因是(　　)。

　　A. 镇流器故障　　　　B. 启辉器坏了　　　C. 灯管使用太久　　D. 开关坏

3. 需要镇流器才能点亮的家用照明电器是(　　)。

　　A. 电子调光灯　　　　B. 荧光灯　　　　　C. 声光控制灯　　　D. 白炽灯

4. 电感镇流器荧光灯会出现启动困难,噪声大,在电源电压低于(　　)。

　　A. 50 V 时　　　　　B. 100 V 时　　　　C. 180 V 时　　　　D. 220 V 时

5. 声光双控灯的声信号输入电路灵敏度降低,会导致的故障现象是(　　)。

　　A. 晚上声音小时声光双控灯不亮　　　　　B. 晚上声光双控灯不时发光

　　C. 白天有声音时声光双控灯便亮　　　　　D. 白天晚上声光控制灯长亮

第 **5** 章

洗衣机

5.1　洗衣机的类型

5.1.1　洗衣机的分类和型号

1.分　类

家用洗衣机按洗涤方式可分为:

(1)波轮式洗衣机

波轮式洗衣机是依靠波轮连续转动或定时做正反转动所产生水流,模仿手工搓揉达到洗涤的方式。波轮上有几条凸起的肋,其结构有多种形式。通常波轮安装在桶底,称为涡卷式,而安装在侧壁上的称为喷流式。

(2)滚筒式洗衣机

滚筒式洗衣机是将被洗涤的衣物放在滚桶内并被浸入水中,依靠滚桶定时正反转或连续转动进行洗涤的洗衣机。其优点是洗净率高,对衣物磨损小,特别适于洗涤毛料织物,用水量小,并且大都有热水装置,便于实现自动化。

(3)搅拌式洗衣机

搅拌式洗衣机,又称摇动式洗衣机。通常在洗衣桶中央竖直安装有搅拌器,搅拌器绕轴心在一定角度范围内正反向摆动,搅动洗涤液和衣物,好似手工洗涤的揉搓。这类洗衣机的优点是洗衣量大,功能比较齐全,水温和水位可以自动控制,并备有循环水泵。

(4)气泡型洗衣机

气泡型洗衣机是气泡泵将大量微细气泡注入洗衣桶,当气泡破裂时产生振荡使衣物纤维振动,从而产生洗涤作用的洗衣机。

(5)臭氧洗衣机

臭氧洗衣机是用气泡泵散发出臭氧,利用臭氧的氧化作用使衣物污垢脱落并起到杀菌作用的洗衣机。

(6)组合式洗衣机

组合式洗衣机是指一台洗衣机中有两种或两种以上洗涤方式的洗衣机。

2. 洗衣机的型号命名

根据国家标准,国内洗衣机统一用字母和数字来表示洗衣机的型号。共 6 位,前 4 位和后 2 位用"－"分开。洗衣机型号及其含义说明如下:

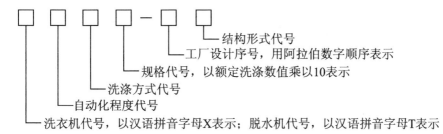

结构形式代号
工厂设计序号,用阿拉伯数字顺序表示
规格代号,以额定洗涤数值乘以10表示
洗涤方式代号
自动化程度代号
洗衣机代号,以汉语拼音字母X表示;脱水机代号,以汉语拼音字母T表示

① 自动化程度,以汉语拼音字母表示。普通洗衣机为"P",半自动洗衣机为"B",全自动洗衣机为"Q"。

② 洗涤方式,以汉语拼音字母表示。波轮式洗衣机为"B",滚筒式洗衣机为"G",搅拌式洗衣机为"D"。

③ 规格代号,按额定容量 1.0、1.5、2.0、2.5、3.0、4.0、5.0 kg 分别乘以 10,即以 10、15、20、25、30、40、50 表示。家用洗衣机的额定洗涤容量在 5 kg 以下。集体洗衣机有 10 kg、20 kg、50 kg 和 100 kg 等规格。洗衣机的额定洗涤容量是指一次能洗涤的最大干衣物的重量。

④ 结构形式,双桶洗衣机以汉语拼音字母"S"表示,单桶不注。

例如:XPB45‐251S 表示波轮式普通型双桶洗衣机,额定洗涤容量为 4.5 kg,工厂设计序号为 251;

XQB45‐846 表示波轮式全自动型洗衣机,额定洗涤容量为 4.5 kg,工厂设计序号为 846;

XQG50‐801 表示滚筒式全自动型洗衣机,额定洗涤容量为 5.0 kg,工厂设计序号为 801。

5.1.2 几种类型洗衣机的性能比较

几种类型洗衣机的性能比较如表 5.1.1 所列。

表 5.1.1 几种类型洗衣机的性能比较

种 类	项 目		
	波轮式	滚筒式	搅拌式
洗净率	高	低	中等
损衣率	较高	低	中等
振动、噪声	较低	较高	较低

续表 5.1.1

种　类	项　目		
	波轮式	滚筒式	搅拌式
洗涤均匀性	较差	好	好
用水量	较多	少	一般
洗涤剂用量	一般	少	一般
洗涤时间	短	长	较长
用电量	少	多	多
洗衣量	较少	多	多
结构	简单	复杂	较复杂

5.2　波轮式双桶洗衣机

5.2.1　波轮式双桶洗衣机的结构

　　波轮式洗衣机按自动化程度不同可分为双桶洗衣机和全自动洗衣机两大类。普通双桶波轮式洗衣机由洗涤部分和脱水部分组成,这两部分的机械系统和电气系统都自成一体,可同时工作,也可单独工作。

　　波轮式双桶洗衣机主要由箱体、洗涤桶、脱水桶、波轮、电动机、传动机构、控制机构(包括定时)、排水机构等部分构成,如图 5.2.1 所示。

1.　洗涤系统

主要由洗涤桶、波轮、波轮轴组件等组成。

(1) 洗涤桶

　　洗涤桶是盛放洗涤物和洗涤液并完成洗涤和漂洗任务的容器,要求对化学物质有较强的抗腐蚀能力,并具有一定的强度和较好的生产工艺性。

　　洗涤桶底部装有波轮,设有排水孔,在桶的上部开有溢水孔。洗涤桶与波轮配合,将桶底设计成与水平方向倾斜一定角度,波轮也以同样的倾斜角度安装在底面上。波轮旋转时形成多方位的水流,并且水流上下翻滚的幅度较大;增加旋涡,可以使洗涤物的洗净度比较高。

(2) 波轮

　　波轮是波轮式洗衣机洗涤过程中对洗涤物产生机械作用的主要部件,是波轮式洗衣机的主要特征之一。

　　波轮被装在洗涤桶的底部,在传动系统驱动下,以每分钟数百转的转速旋转,轮上

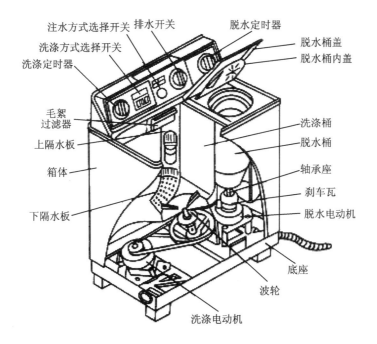

注水方式选择开关　排水开关　　脱水定时器

洗涤方式选择开关　　　　　　　脱水桶盖

洗涤定时器　　　　　　　　　　脱水桶内盖

毛絮过滤器　　　　　　　　　　洗涤桶

上隔水板　　　　　　　　　　　脱水桶

箱体　　　　　　　　　　　　　轴承座

　　　　　　　　　　　　　　　刹车瓦

下隔水板　　　　　　　　　　　脱水电动机

　　　　　　　　　　　　　　　底座

　　　　　　　　　　　　　　　波轮

洗涤电动机

图 5.2.1　波轮式双桶洗衣机结构

呈辐射状的凸筋,上迎水面,可分解为水平和垂直两个作用力量。正是由于这些水平与垂直的两个瞬间变化着的分力使洗涤液形成了水平与垂直的旋涡,洗涤液沿转动的方向甩出,使波轮的外周部分水流受正压,中心部分成为负压区,从而对衣物起到强烈摩擦、揉搓、挤压、翻滚及摔打的洗涤作用。

（3）波轮轴组件

波轮轴组件是支撑波轮、传递动力的主要部件,包括波轮轴、轴套、轴承、密封圈等。

波轮轴体结构常见的有两种:一种是采用滑动轴承的,由波轮轴、轴套、密封圈、上滑动轴承、下滑动轴承和轴承套等组成,如图 5.2.2 所示。另一种是采用滚动轴承的,它由波轮轴、轴套、密封圈、上滚动轴承、下滚动轴承、轴承隔套和轴承盖等组成,如图 5.2.3 所示。

2. 脱水系统和排水系统

双桶洗衣机的脱水系统包括脱水外桶、内桶、脱水轴组件、刹车装置等,有的还带有喷淋装置。

（1）脱水外桶和内桶

双桶洗衣机的脱水外桶一般与洗涤桶连为一体,除用来盛脱水时产生的污水外,它的底部中心还安置了波形橡胶套,脱水内桶的轴穿过波形橡胶套与脱水电动机连接。

脱水内桶用来盛放需脱水的衣物,其外形为圆桶形,桶壁上开有许多小孔。当电动机驱动它做高速旋转时,衣物内的水分因惯性而通过小孔甩到桶外。

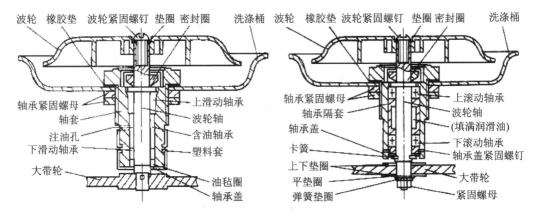

图 5.2.2　滑动轴承波轮轴组件示意图　　　图 5.2.3　滚动轴承波轮轴组件示意图

(2)脱水轴组件

脱水轴组件的作用是将电动机的动力传递给脱水桶,由脱水轴、密封圈、波形橡胶套、含油轴承、连接支架等组成。

(3)刹车装置

为了避免高速转动的脱水内桶在工作时伤及人体,双桶洗衣机上都设有受脱水桶盖控制的刹车装置。它安装在脱水电动机的上端,主要由刹车盘、拉簧、刹车动臂、刹车块、钢丝等组成。

脱水桶盖合上时,刹车钢丝被拉紧,钢丝的拉力使刹车动臂绕销轴顺时针转动,刹车块放松刹车盘,脱水电动机可正常运转。

在脱水状态下开盖,脱水桶盖在切断脱水电动机电路的同时,将刹车钢丝放松。刹车动臂在弹簧拉力的作用下绕销轴做逆时针转动,刹车块抱紧刹车盘,使脱水桶在 10 s 内停止转动。合盖后,重新恢复到正常运转状态。

(4)排水系统

普通型双桶洗衣机上所用的排水四通阀结构如图 5.2.4 所示,阀的内部有一个橡胶密封套,密封套的底部为阀堵,中间有一根被阀盖压紧的压缩弹簧,压缩弹簧又套在拉杆上。拉杆的上端与受排水旋钮控制的拉带下端连接。

3. 电动机及传动系统

双桶洗衣机的波轮和脱水桶通常由两个电动机分别驱动。因波轮和脱水桶工作时具有不同的要求,所以洗涤电动机及洗涤系统的传动、脱水电动机及脱水系统的传动存在一些差异。

(1)电动机

双桶洗衣机一般都采用电容运转电动机。洗涤电动机功率较大,一般在 120 W 左右,能做正、反向运动;主、副绕组的参数完全一样,要求有较好的启动性能和过载能力。脱水电动机只要求单向高速运转,它的主、副绕组的参数也不相同,但二者的结构基本

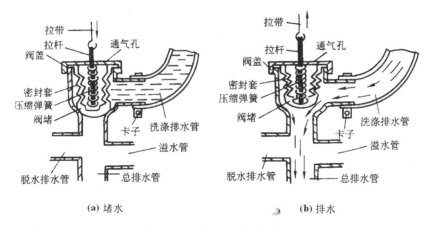

图 5.2.4 排水四通阀结构

相同。

（2）传动

由于洗涤系统和脱水系统的工作性质不同，所以两部分采用不同的传动方式。

1）洗涤系统的传动

普通波轮洗衣机中的波轮转速较低，而洗涤电动机的转速较高，要采用减速机构，一般采用一级传动带减速传动。大传动带轮的直径约为小传动带轮直径的 3.6 倍，当洗涤电动机以 1 500 r/min 的速度运转时，波轮得到约 400 r/min 的转速。

2）脱水系统的传动

脱水系统的传动比较简单，脱水电动机安装在脱水桶的正下方，二者采用联轴器连接，由紧固螺钉和锁紧螺母把脱水电动机轴与脱水轴固定在联轴器上。当脱水电动机通电后高速运转时，通过联轴器使脱水内桶以同样的转速运转。

4．电气控制系统

双桶洗衣机的控制系统由洗涤定时器、脱水定时器、琴键开关、盖开关等组成。控制的对象是洗涤电动机和脱水电动机。

图 5.2.5 是普通波轮式双桶洗衣机的典型电路。它由洗涤电动机、电容器、洗涤定时器、琴键开关组成洗涤控制电路；脱水电动机、电容器、脱水定时器、盖开关组成脱水控制电路。

（1）洗涤控制原理

洗涤电动机和电容器组成电容运转式单相交流异步电动机，该电动机定子的主绕组和副绕组是对称的，工作时两绕组在洗涤定时器的控制下可分别交替与电容器串联，交替担当主绕组和副绕组（起动绕组）的作用，适应洗衣机频繁正反转的要求。

定时器有 3 组触点开关：第一组为主触点开关，它控制洗涤时间，时间可在 0～15 min 内人为选择；第二组、第三组分别是中洗和弱洗方式的触点开关，由定时器的两个凸轮分别控制，使洗涤电动机按照正转、停止和反转的规律工作。

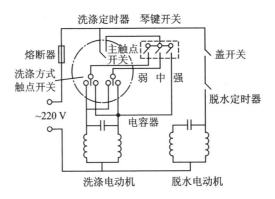

图 5.2.5　普通波轮式双桶洗衣机的典型电路

琴键开关为洗涤方式选择键,是用来选择强洗、中洗和弱洗 3 种方式的。

① 强洗(单向洗)。根据需要洗涤的时间,调节洗涤定时器,按下强洗键,洗涤电动机的绕组 2 为主绕组,而绕组 1 为副绕组,它与电容器串联后,再与主绕组并联,如图 5.2.6 所示。强洗状态时,电动机只做单向运转,直到预置的定时结束,因主触点开关断开而停机。

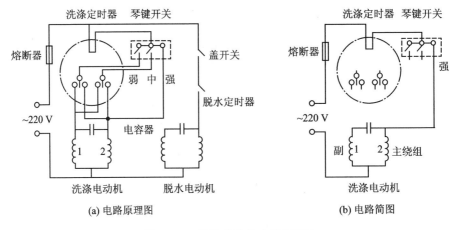

(a) 电路原理图　　　　　　　　　　(b) 电路简图

图 5.2.6　强洗状态的电路原理图

② 中洗(标准洗)。按照需要洗涤的时间,调节洗涤定时器旋钮,再按下中洗键,则中洗键与定时器的主触点及中洗触点开关串联给电动机供电。在定时器的控制凸轮转动过程中,将中洗触点开关的中间簧片交替地变换触点位置。当中间簧片与触点 1 闭合时,如图 5.2.7(a)所示,电动机绕组 1 直接串接于电路中,作为电动机的主绕组,而绕组 2 与电容串联后再与绕组 1 并接,作为电动机的副绕组,即启动绕组,此时电动机为反时针方向旋转(反转)。

当控制凸轮转到一定位置后,其中间簧片处于中间位置,既不与触点 1 接触,也不与触点 2 接触,如图 5.2.7(b)所示,此时由于电源通路被切断,电动机处于停转状态。

当控制凸轮继续转动到中间簧片与触点 2 闭合时,如图 5.2.7(c)所示,电动机绕组 2 直接串接于电路中,作为电动机的主绕组;而绕组 1 则与电容串联后再与绕组 2 并接,作为电动机的启动绕组,此时电动机为顺时针方向旋转(正转)。

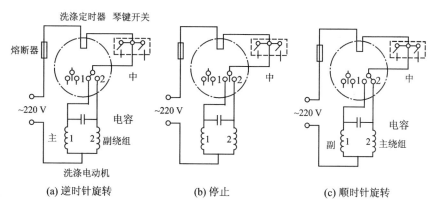

图 5.2.7　中洗状态的电路原理图

当顺时针方向旋转时间到预置时间,定时器的控制凸轮使中间簧片又返回到中间位置,电动机因电源被切断而停转。如此周而复始,实现正转→停→反转→停⋯⋯的标准洗程序,反复运转,直到定时器设置时间到,主触点断开,电源切断,标准洗涤才停止。

③ 弱洗(轻柔洗)。按照需要洗涤的时间调节洗涤定时器旋钮,再按下弱洗键,则弱洗键与定时器的主触点及弱洗触点开关串联给电动机供电。弱洗触点开关的中间簧片在定时器控制凸轮转动过程中不断变换位置,触点 1 和触点 2 的通、断及电动机的工作状态与标准洗涤的情况类似。但是电动机的正转、反转时间比标准洗时间短,而停止时间比标准洗时间长,使洗涤液的流动强度小,从而达到轻柔洗的目的。

(2)脱水控制原理

脱水控制电路由脱水定时器和盖开关、电容器和脱水电动机等组成,如图 5.2.8 所示。

脱水电动机和电容器组成单相电容运转式电动机,它的转速比洗涤电动机高很多,一般高达 1 400 r/min 左右,以便产生足够大的离心力,使衣物充分脱水。脱水电动机只须单向运转即可,运转时间受脱水定时器控制。

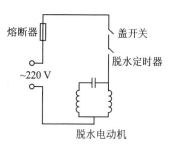

图 5.2.8　脱水控制电路图

脱水定时器只有一个主凸轮控制的触点开关。脱水时,只须顺时针转动脱水定时器旋钮,预置所需要的脱水时间,则触点开关便接通。脱水预置时间结束时,触点开关自动断开。

盖开关是与脱水桶盖连接在一起的,而且脱水桶盖同时连接脱水电动机的刹车机构。当脱水桶盖闭合时,盖开关闭合,刹车片离开刹车盘,脱水电动机可以转动。而当脱水桶盖打开时,盖开关断开,切断电源,刹车片抱在刹车盘上,脱水电动机被制动。如果在脱水过程中,只要打开脱水桶盖约 5 cm 高,则盖开关便自动断开,使电动机断电,

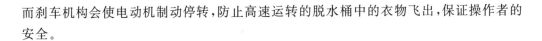

而刹车机构会使电动机制动停转,防止高速运转的脱水桶中的衣物飞出,保证操作者的安全。

5.2.2 波轮式双桶洗衣机的常见故障与检修

普通波轮式双桶洗衣机的常见故障与检修如表5.2.1所列。

表5.2.1 普通波轮式双桶洗衣机的常见故障及检修方法

故障现象	产生原因	检修方法
波轮不转	1. 插头与插座接触不良或熔丝烧断 2. 电源电压过低 3. 传动带松动、脱落或断裂 4. 定时器触点接触不良 5. 启动电容器击穿或断路 6. 电动机定子绕组断路或烧坏 7. 波轮轴生锈或波轮被障碍物卡死	1. 将插头与插座插好或更换熔丝 2. 电压正常后使用 3. 调整传动带或更换新传动带 4. 修理定时器触点 5. 更换电容器 6. 接通断点、更换定子绕组或更换电动机 7. 清洗波轮轴或更换波轮轴,清除障碍物
波轮转速低	1. 传动带打滑 2. 电容器容量减小或漏阻太小 3. 电动机绕组漏电或局部短路 4. 洗涤衣物过多,电动机超载	1. 调整电动机安装位置 2. 更换电容器 3. 更换电动机或对其绕组浸漆烘干 4. 按洗衣机额定洗衣量洗涤
波轮不能自动正、反向旋转或运转不停	1. 定时器触点接触不良 2. 定时器触点的接线开路 3. 定时器损坏或凸轮损坏	1. 修理有关触点 2. 接好触点连线 3. 更换定时器
洗涤桶漏水	1. 波轮轴上密封圈损坏或轴承与洗衣桶之间垫圈损坏 2. 波轮轴套筒上的大螺母松动或橡胶垫损坏 3. 波轮轴锈蚀 4. 洗衣桶底部排水接头安装不严,接头破裂	1. 更换密封圈与垫圈 2. 拧紧大螺母或换橡胶垫 3. 修理或更换 4. 重新安装排水接头或更换
脱水电动机不转	1. 盖开关接触不良 2. 脱水定时器接触不良或损坏 3. 刹车钢丝太松,刹车块抱轴 4. 脱水电动机或电容器故障	1. 调整盖开关或清除触点的氧化物 2. 修理定时器或更换 3. 调整钢丝长度,拧紧螺钉 4. 检修方法同洗涤电动机或电容器的检修方法
噪声大	1. 洗衣机安置不平稳 2. 紧固螺钉没拧紧 3. 防振弹簧断裂 4. 轴承缺少润滑油或轴承损坏 5. 脱水桶中的衣物不平	1. 重新安放洗衣机,使之平稳 2. 拧紧紧固螺钉 3. 更换防震弹簧 4. 向轴承增添润滑油或更换轴承 5. 将脱水桶中的衣物放平

5.3　全自动波轮式洗衣机

　　全自动波轮式洗衣机是在普通波轮式双桶洗衣机的基础上发展起来的,洗涤原理与波轮式洗衣机相同,只是洗涤、漂洗、脱水以及进水、排水等过程是自动完成,因而其结构和控制电路上有很大的改进。

5.3.1　全自动波轮式洗衣机的结构

　　全自动波轮式洗衣机的结构如图 5.3.1 所示。可见,全自动波轮式洗衣机主要由洗涤和脱水部分、自动进排水装置、离合器、程控器几部分组成。

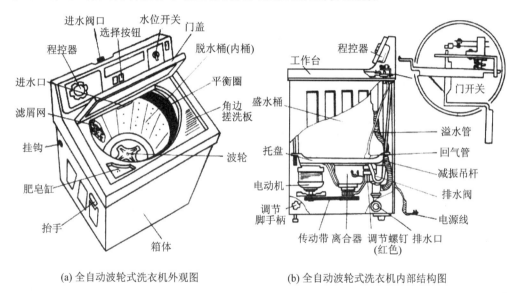

(a) 全自动波轮式洗衣机外观图　　　　(b) 全自动波轮式洗衣机内部结构图

图 5.3.1　全自动波轮式洗衣机的结构图

1. 洗涤和脱水部分

　　洗涤和脱水部分主要由内桶(又称脱水桶或离心桶)、外桶(盛水桶)、波轮等组成。全自动洗衣机集洗涤、漂洗和脱水于一个桶内。洗涤时,波轮运转,其内桶不转,内桶与外桶共同起到洗涤桶的作用;脱水时,内桶以约 900 r/min 的速度运转,利用离心力将洗涤物中的水甩出,起到脱水桶的作用。

　　内桶的壁上有孔,脱水时水从孔中甩出,底部有波轮,波轮与内桶互不相连。

　　水桶在内桶外面,作用是盛水及洗涤液的。外桶底部装有电动机、减速离合器、排水电磁铁等传动机构。外桶与内桶同轴套装在一起,所以称为套桶波轮式洗衣机。

2. 自动进、排水装置

自动进水和排水由水位开关、进水电磁阀、排水电磁阀等组成,通过程序自动完成任务。

(1) 水位开关

水位开关结构如图5.3.2所示。它通过一根水管接到洗涤桶底部,当洗涤桶的水位上升时,管内的空气被压缩,气室气压增高,使水位开关中的橡胶膜片胀起,推动顶杆运动;待水上升到预定水位时,常闭触点断开,从而使进水电磁阀断电,停止供水。同时使常开触点闭合,从而使程控器通电运行,洗衣机进入洗涤阶段。排水时,洗涤桶的水位下降,水位开关气室内的压强减小,到一定程度时橡胶膜片复位,电气触点也随之复位。

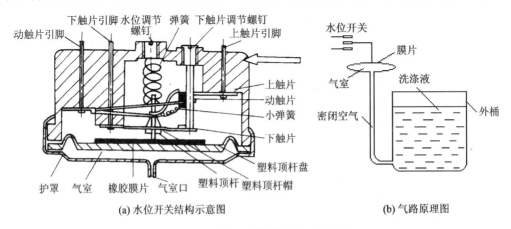

(a) 水位开关结构示意图　　　　(b) 气路原理图

图 5.3.2　水位开关结构及气路原理图

(2) 进水电磁阀

进水电磁阀结构如图5.3.3所示,由线圈、活动铁芯(阀芯)、橡皮阀、壳体、过滤网、入水口接头和出水口接头等组成。

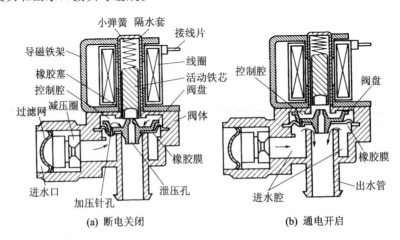

(a) 断电关闭　　　　(b) 通电开启

图 5.3.3　进水电磁阀的构成与工作原理示意图

工作原理:进水电磁阀的线圈不通电时,电磁铁不能产生磁场,于是铁芯在小弹簧推力和自身重量的作用下下压,使橡胶塞堵住泄压孔。此时,从进水孔流入的自来水再经加压针孔进入控制腔,使控制腔内的水压逐渐增大,将阀盘和橡胶膜紧压在出水管的管口上,关闭阀门。进水电磁阀的线圈通电时产生磁场,其生成的电磁力克服小弹簧推力和铁芯自身的重量将铁芯吸起,橡胶塞随之上移,泄压孔被打开。此时,控制腔内的水通过泄压孔流入出水管,使控制腔内的水压逐渐减小,阀盘和橡胶膜在水压的作用下上移,打开阀门,开始注水。

(3) 排水电磁阀

排水电磁阀构成如图 5.3.4 所示,由拉杆、衔铁、电磁铁、内外弹簧、橡胶阀、阀盖和导套等组成。

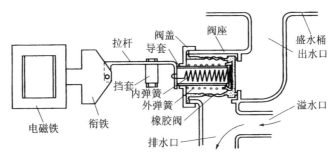

(a) 洗涤、漂洗状态(电磁铁断电)

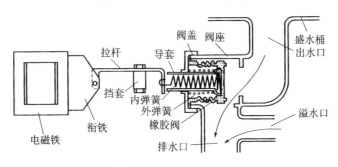

(b) 排水、脱水状态(电磁铁通电)

图 5.3.4　排水电磁阀的构成与工作原理示意图

工作原理:排水电磁阀的线圈不通电时,电磁铁不能产生磁场,衔铁在导套内的外弹簧推力下向右移动,使橡胶阀被紧压在阀座上,阀门关闭。线圈通电时产生电磁吸力,吸引衔铁左移,通过拉杆向左拉动内弹簧,将外弹簧压缩后使阀盖左移,打开阀门,开始排水。

3. 离合器

全自动洗衣机中盛水桶与脱水桶是套在一起的,在洗涤中波轮转动而脱水桶不动,脱水时两者一起转动,完成此功能的部件是离合器。它由脱水轴、洗涤轴、抱簧和刹车等组成,如图 5.3.5 所示。

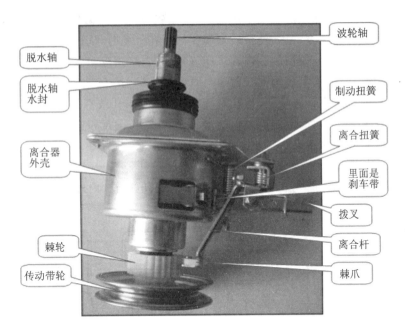

图 5.3.5　离合器

当刹车皮抱紧刹车盘时,刹车盘与脱水轴连接在一起。同时弹簧被挡住,这时离合器处于分离状态,电动机只带动洗涤轴进行正、反转,脱水桶不转,此时为洗涤过程。

洗涤时,电磁铁断电,排水阀关闭,电磁铁拉杆上的挡套脱离制动杠杆,制动杠杆被放开,在制动扭簧的作用下,刹车带被拉紧,棘爪伸入棘轮齿内,抱簧随棘轮转动而将下端拨松,即下端与离合套脱离。大皮带轮带动齿轮轴转动,经行星减速器带动波轮轴及固定在轴上的波轮转动。此时离合套只是随齿轮轴空转。离合器洗涤时工作的示意图,如图 5.3.6 所示。

洗涤时的传动路线是:电机→小皮带轮→三角皮带轮→大皮带轮→齿轮轴→行星齿轮→行星架→波轮轴→波轮。电机的转速一经皮带轮减速后,又经行星减速器减速,故波轮转速较低,一般为 175 r/min。

脱水时,排水电磁铁通电吸合,排水阀被拉开,固定在电磁铁拉杆上的挡套按图 5.3.5 所示方向推动制动杆,制动杠杆绕销轴转动,使其下端的刹车带放松;当减速器整体顺时针方向转动时,摩擦力将刹车带拉松,因此刹车带不起作用。制动杠杆推动调节螺钉,使离合套转动,带动其上的棘爪与棘轮脱离,于是棘轮和抱簧处于自由状态,即抱簧处于弹性旋紧状态,弹簧将脱水轴、洗涤轴抱紧,电动机带动洗涤轴与脱水轴一起转动脱水桶转动。离合器脱水时工作的示意图,如图 5.3.7 所示。

脱水时的传动路线是:电动机→小皮带轮→三角皮带轮→大皮带轮→齿轮轴→离合套→抱簧→减速器外壳→法兰盘→内桶。其间,电机转速只以大小皮带轮减速,故内桶为高速旋转。

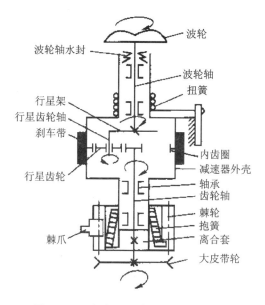

图 5.3.6 离合器洗涤时工作的示意图

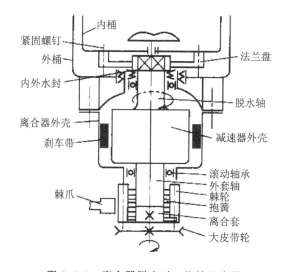

图 5.3.7 离合器脱水时工作的示意图

4. 程控器

程控器分为电动程控器和微电脑程控器。

(1) 电动程控器

它的基本结构与发条定时器相似,只是不采用发条而用微电机作为动力源来驱动齿轮转动。齿轮的转动再带动一定的凸轮及开关动作实现控制。

(2) 微电脑程控器

它由微处理器(CPU)、输入和输出电路组成。定时功能和洗衣程序固化于微处理器中,利用微处理器进行存储程序控制。

5.3.2　全自动波轮式洗衣机控制电路

以某型洗衣机为例,说明微电脑程控器全自动波轮式洗衣机工作原理,电路如图5.3.8所示。

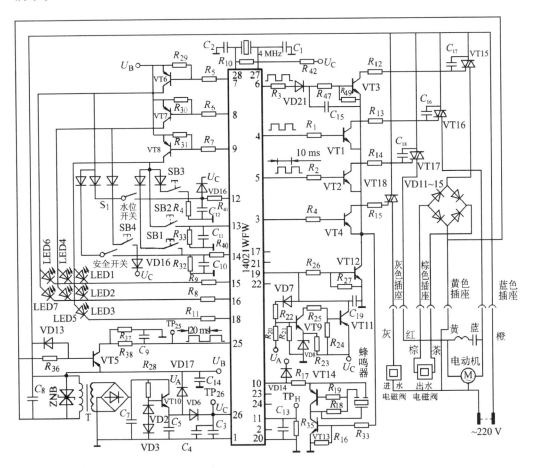

图5.3.8　某型洗衣机电路图

下面介绍电路工作原理。

1. 电源电路

电源变压器 T 初级输入 220 V 电压,次级输出 9 V 交流电压,经桥式整流 C_7 滤波,得直流电压 U_A,经 VT10、VD2、VD3、R_{28} 组成的简单电路稳压,分两路输出:一路经 VD6 隔离,C_3、C_4 滤波后输出 6 V 电压,为微处理器供电,用 U_C 表示;另一路经 VD17 隔离,C_{14} 滤波后输出,用 U_B 表示,供指示灯(LED)显示和驱动可控硅用。

ZNB 为压敏电阻,相当于一个双向稳压二极管,起过压保护作用。

2. 时基电路

由二极管 VD13、R_{36}、三极管 VT5 及 R_{37}、R_{38}、C_9 组成,如图 5.3.9 所示。它的作用是一方面定时向单片机提供一个计时的基准信号,另一方面是使输出的控制脉冲与电网交流电同相,实现对可控硅的过零触发。

3. 欠压保护电路

欠压保护电路主要由基准稳压二极管 VD8,三极管 VT9、VT11 和取样电阻 R_{20}、R_{21} 组成,如图 5.3.10 所示。电路设计为市电电压下降为 187 V 时,VT9 截止。由于 VT9 截止,引起 VT11 截止,VT11 集电极为低电位。该低电位送至 VT12 基极,使 VT12 截止,从硬件手段上强迫驱动三极管 VT1、VT2、VT3、VT4 截止,关断了可控硅的触发脉冲,洗涤电动机不转,进水电磁阀、排水电磁铁、蜂鸣电路不工作,实现了欠压保护,从而保证进水电磁阀、排水电磁铁、洗涤电动机不因欠压而过流烧毁。

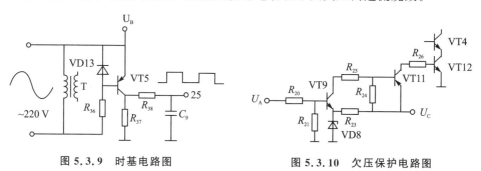

图 5.3.9　时基电路图　　　　图 5.3.10　欠压保护电路图

4. 时钟脉冲电路

4 MHz 的石英晶体与 C_2、C_3、R_{10} 及微处理器内的电路组成稳定的晶体振荡电路,产生时钟脉冲。程序控制器的一切程序都是在时钟脉冲作用下,严格按时序工作的。

5. 晶闸管控制电路

微处理器的 4、5、6、3 脚输出的脉冲信号,经过 VT1、VT2、VT3、VT4 三极管后形成控制信号,分别加至 VT15、VT16、VT17、VT18 这 4 个晶闸管的控制极,从而控制相应的功能动作(其中,VT16 控制电机正转,VT17 控制电机反转,VT15 控制排水电磁阀,VT18 控制进水电磁阀)。电路结构如图 5.3.11 所示。

6. 蜂鸣器电路

它由 R_{17}、R_{18}、R_{19}、VT13、VT14 和压电陶瓷片组成,如图 5.3.12 所示。洗衣过程结束前几十秒钟,蜂鸣器电路开始工作,微处理器的 10 脚输出脉冲信号,由 VT14 驱动压电陶瓷片发出蜂鸣音响。当洗衣过程结束,VT1~VT4 控制管均截止,VT13 随之截止,蜂鸣器电路停止工作。

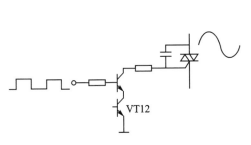

图 5.3.11　晶闸管控制电路图

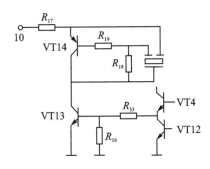

图 5.3.12　蜂鸣器电路图

7. 指示灯(LED)显示电路

指示灯显示电路主要由 LED1～7、VT6、VT7、VT8 等组成,如图 5.3.13 所示。该电路采用动态扫描方式,扫描频率为 100 Hz,各 LED 二极管只亮 3 ms,但是由于余辉和人眼惰性作用,只要扫描频率≥50 Hz 就不会出现闪烁感。微处理器的 7、8、9 脚输出键扫脉冲,15、16、18 脚按需要输出相应的控制脉冲,只有两种脉冲同时出现时才能使对应的发光二极管发亮。

8. 键入信号

微处理器的 12、13、14 脚为控制信号的输入端。SB1 是工作方式选择键,SB2 是洗衣程序选择键,SB3 是启动/暂停键,SB4 是水流选择键,S1 是水位开关,S2 是安全开关,电路如图 5.3.14 所示。

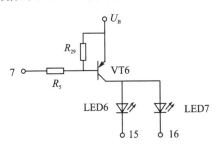

图 5.3.13　指示灯(LED)显示电路图

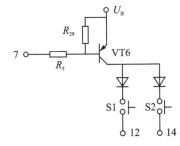

图 5.3.14　键入信号电路

9. 微处理器的复位与清零

当接通电源时,微处理器从 11 脚通过 R_{35} 和 C_{13} 的复位信号将微处理器内部的寄存器清零,并将各标志置于初始状态。

5.3.3　全自动波轮式洗衣机的常见故障与检修

全自动波轮式洗衣机自动化程度高、结构复杂,因而,其检修比普通波轮式双桶洗衣机要复杂和困难得多。但是,全自动波轮式洗衣机是在普通波轮式双桶洗衣机的基础上发展起来的,洗涤原理与波轮式洗衣机相同,因此检修与普通波轮式双桶洗衣机检修方法有许多共同之处,下面通过表 5.3.1 介绍全自动波轮式洗衣机的常见故障与检修。

表 5.3.1　全自动波轮式洗衣机的常见故障与检修

故障现象	可能原因	排除方法
不进水	1. 水龙头没打开 2. 进水阀过滤器堵塞 3. 进水阀内有污垢 4. 进水阀线圈断路或短路 5. 水位开关不通或接触不良 6. 程控器接触不良	1. 打开水龙头 2. 清理过滤器 3. 清理进水阀内部 4. 修复或更换进水阀 5. 修复或更换水位开关 6. 修复或更换程控器
进水不停	1. 进水电磁阀不良,造成关闭不良 2. 水位开关松	1. 修复或更换进水阀 2. 修复或更换水位开关
洗涤时脱水桶跟着转动	1. 制动器松 2. 刹车松	1. 调整制动杆 2. 调整离合器的顶开螺钉
不能脱水	1. 安全开关接触不良 2. 内桶与外桶间存在异物 3. 衣物太多 4. 皮带松 5. 大油封未装好,卡住脱水桶 6. 排水电磁阀不良,不能排水 7. 刹车带未松开 8. 抱簧松 9. 棘轮松动 10. 程控器松	1. 修理触点或更换安全开关 2. 清除异物 3. 适当减少衣物 4. 调整位置或更换新皮带 5. 将大油封安装到位 6. 修复或更换排水电磁阀 7. 调整刹车带 8. 修复或更换离合器 9. 紧固棘轮 10. 修理或更换程控器
不排水	1. 洗衣机上盖未盖好 2. 门安全开关失效 3. 排水阀松 4. 程控器松	1. 盖好上盖 2. 修复或更换门安全开 3. 修复或更换排水阀不良 4. 修复或更换程控器

5.4　全自动滚筒式洗衣机

滚筒式洗衣机是通过内桶有规律地正反向转动,使洗衣物随滚筒内桶的提升肋上升,而后借助重力下跌,在水面上摔打来进行洗涤的。目前,滚筒式洗衣机基本上都是自动控制的,所以,本节主要介绍全自动滚筒式洗衣机。

5.4.1　全自动滚筒式洗衣机的结构

全自动滚筒式洗衣机按衣物装入的方式可分为前装式和上装式两种。目前市场上以前装滚筒式洗衣机为多,全自动前装滚筒式洗衣机的结构如图5.4.1所示。

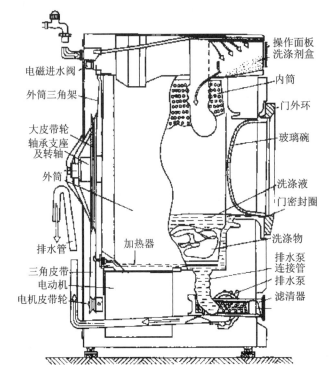

图5.4.1　全自动前装滚筒式洗衣机的结构图

全自动前装滚筒式洗衣机的构成由洗涤部分、给排水系统、传动部分、控制部分、加热和减振阻尼部分等组成。

1. 洗涤部分

洗涤部分主要由滚筒(内筒和外筒)、内筒骨架、转轴、外筒Y形支架和滚动轴承等组成。

(1) 滚筒的外筒

滚筒的外筒(又称洗涤液桶)除了用来盛装洗涤液外,还对某些部件起着支承作用。其结构如图5.4.2所示。

(2) 滚筒的内筒

内筒是滚筒式洗衣机的关键组件,整个洗涤、漂洗、脱水,甚至烘干,全部在内筒中进行,一般是用厚度为0.5~1.0 mm的不锈钢卷制而成,其结构如图5.4.3所示。筒壁上布有直径为3.5~5 mm的小圆孔。在筒内壁沿直径方向,一般有3~4条凸起的肋,其作用是在洗涤过程中举升衣物。

(3) 外筒Y形支架

外筒Y形支架的结构如图5.4.3所示,支架是由铝合金制成,Y形支架的中央用于安装轴承和油封。

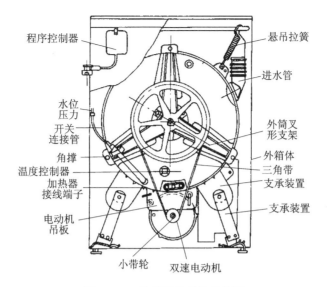

图 5.4.2　外筒及其部件结构图

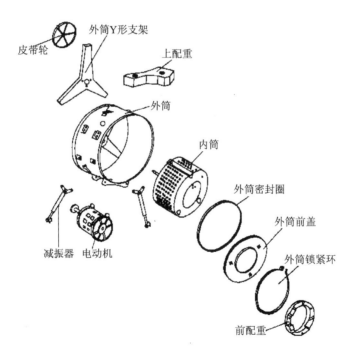

图 5.4.3　内外筒结构分解图

2. 给排水系统

给排水系统主要由进水管、进水电磁阀、洗涤剂容器盆、溢水管、过滤器、排水泵和排水管等部件组成。这些部件与波轮式洗衣机相同,可参见前面介绍。

3．传动部分

传动部分主要由双极变速电动机、小皮带轮、传动三角皮带和大皮带轮等部件组成。

4．控制部分

控制部分主要由程控器、水位控制器(压力传感器)、温度控制器等部件组成。这些部件与波轮式洗衣机相似,在此不再赘述。

5．加热装置部分

加热部分是依靠安装在洗涤液筒内的管状加热器来加热洗涤液,以提高滚筒式洗衣机的洗涤效果。管状加热器及安装位置如图5.4.1所示。

5.4.2 全自动滚筒式洗衣机的工作原理

1．滚筒式洗衣机的信号处理过程

滚筒式洗衣机的电路主要包括操作显示电路和主控电路。对滚筒式洗衣机进行操作时,通过操作显示电路的按钮或旋钮将人工指令输至主控电路,由主控电路控制滚筒式洗衣机实现各个功能,同时将滚筒式洗衣机的工作状态通过操作显示电路的显示屏或指示灯显示出来。

图5.4.4是滚筒式洗衣机的工作流程示意图。从图中看出滚筒式洗衣机各系统所包含的功能器件。工作流程可分为进水、洗涤、排水、脱水4大流程,共12步信号处理过程。

进水流程:

① 通过输入人工指令使洗衣机进入进水流程。滚筒式洗衣机安全门开关的作用是洗涤状态锁定舱门,防止误操作发生漏水事件。滚筒式洗衣机通电并将门关上,则安全门开关扣住洗衣机门。它直接串联在电源电路中,滚筒式洗衣机处于洗涤状态时,即使按动门开关按钮,洗衣机门也不能打开。

② 通过电路系统中操作显示面板的功能旋钮,将洗涤方式人工控制指令送至机械控制器。

③ 同时也可通过电路系统中操作显示面板的温度旋钮控制温度调节器。

④ 机械控制器和温度调节器与主控电路板相连,通过信号的传输实现对滚筒式洗衣机的控制。

⑤ 此时,滚筒式洗衣机的电路系统控制进水系统的进水电磁阀开启并进行注水。随着外桶中水位的不断上升,水位开关中气室口处的气压也随之升高,其中的水位开关也随之变化,控制电路根据水位开关的信号控制水位。

⑥当达到设定模式所需的水位后,水位开关内部的开关触点断开,通过主控电路板控制进水电磁阀停止工作,停止进水。

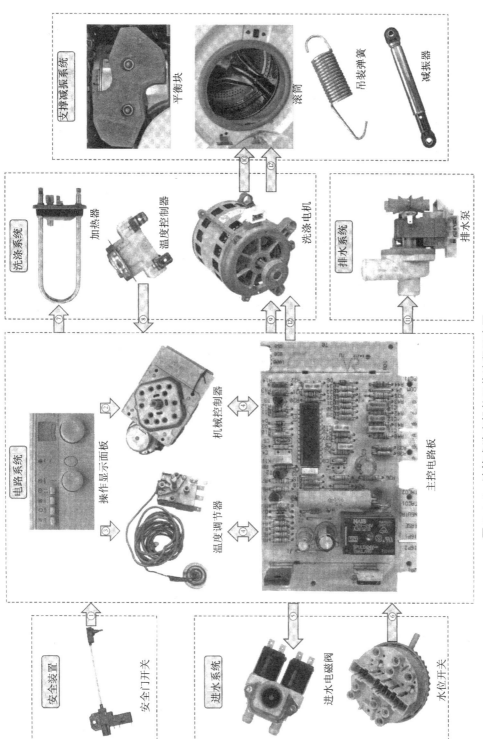

图 5.4.4　滚筒式洗衣机的工作流程示意图

洗涤流程:

⑦ 进水完成后,开始进入洗涤流程,电路系统通过温度调节器控制洗涤系统的加热器启动工作。

⑧ 温度控制器检测滚筒内的水温,当达到设定温度时,通过电路系统控制加热器停止加热。

⑨ 由主控电路发出控制洗涤电机的指令,于是洗涤电动机开始运转。

⑩ 在洗涤过程中,洗涤电动机带动内桶旋转,从而进行衣物的洗涤操作。而内桶的平稳旋转是通过支撑减振系统中固定在外桶四周的减振器、吊装弹簧及上部的平衡块等来确保滚筒式洗衣机的平衡,保障滚筒式洗衣机在大力的晃动下依旧稳定地工作。

排水流程:

⑪ 当滚筒式洗衣机洗涤工作完成后,主控电路控制排水系统开始工作。接通排水系统中排水泵的电路,于是排水泵开始工作。水流随着排水泵叶轮运转时产生的吸力通过排水泵的出水口排放到滚筒式洗衣机机外;当排水工作结束后,水位开关的气压逐渐降低,触动程序控制器后,切断排水泵的供电,排水泵停止工作。

脱水流程:

⑫ 洗衣机排水工作完成后随即进入到脱水工作。主控电路控制启动电容,从而启动电动机在脱水状态工作,实现电动机的高速运转,同时带动内桶高速旋转,衣物上吸附的水分在离心力的作用下,通过内桶壁上的排水孔甩出桶外,从而实现滚筒式洗衣机的脱水功能。

2. 滚筒式洗衣机的工作原理

滚筒式洗衣机各部件的协调工作是通过主控电路实现控制的,图 5.4.5 为典型滚筒式洗衣机的工作原理图。

交流 220 V 电压经接插件 IF1 和 IF2 为洗衣机的主控板上的开关电源部分供电,开关电源工作后输出直流电压 V_{CC},为洗衣机的整个工作系统提供工作条件。

(1) 进水控制

主洗进水阀 VW、预洗进水阀 VPW 和热水进水阀 VHF 构成进水系统,通过主控电路板的控制对洗涤的衣物进行加水。当水位到达预设高度时,水位开关内部触点动作,为主控电路输入水位高低信号,并由主控电路输出控制进水电磁阀停止信号,进水电磁阀停止进水。

(2) 洗涤控制

滚筒式洗衣机进水完成后,若加的水是凉水,则对凉水进行加热,这个功能是通过加热管 HB 和温度传感器 NTC 共同完成的。设定好预设温度后,主控电路便控制加热管开始对冷水进行加热,温度达到预设值时,温度传感器 NTC 将温度检测信号送入主控电路中,由主控电路驱动电动机启动,从而进行洗涤操作。图 5.4.5 中电动机为串励式双速电动机,洗涤时低速,脱水时高速;R 为转子绕组,有热保护开关,两定子绕组分别与它串联形成双速电动机。T 为测速电机。

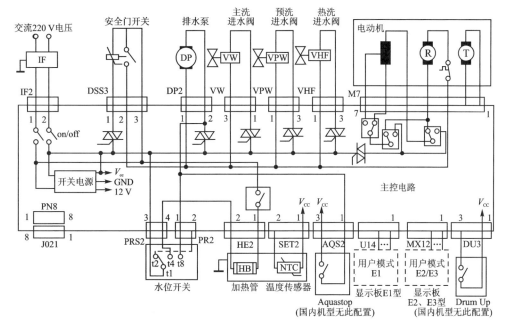

图 5.4.5 典型滚筒式洗衣机的工作原理图

(3) 排水控制

排水泵 DP 是排水系统的主要部件,主要用于将洗完衣物后滚筒内的水排出,和进水系统的工作正好相反。当洗涤完成后,主控电路控制洗涤系统停止工作,同时控制启动排水泵 DP 进行工作,将滚筒内的水通过出水口排放到滚筒式洗衣机外。

(4) 脱水控制

排水完成后,主控电路控制洗衣机自动进入到脱水工作,洗涤电动机带动内桶高速旋转,衣物上吸附的水分在离心力的作用下,通过内桶壁上的排水孔甩出桶外,从而实现滚筒式洗衣机的脱水功能。

在滚筒式洗衣机工作过程中,操作显示面板上会有不同的工作状态指示。当洗衣机脱水完成后,便完成了衣物的洗涤工作。其中,安全门开关在滚筒式洗衣机中起到保护作用,在洗衣机工作状态下仓门是不能打开的,只有洗衣机停止运转时,才可打开洗衣机的舱门。

习题 5

一、填空题

1. 洗衣机按自动化程度分类可分为:_____、_____、_____。

2. 臭氧洗衣机是利用臭氧的_____作用使衣物污垢脱落并起到杀菌作用。

3. 波轮轴组件包括_____、_____、_____、_____等。

4. 普通波轮式双桶洗衣机主要由 _____、_____、_____、_____、_____、传动机构、控制机构(包括定时)、排水机构等部分构成。

5. 全自动滚筒式洗衣机按衣物装入的方式可分为 _____ 式和 _____ 式两种。

二、选择题

1. 用水量较少的洗衣机是( )。

A. 波轮洗衣机　B. 滚筒洗衣机　C. 搅拌洗衣机　　D. 波轮和搅拌洗衣机

2. 普通型洗衣机洗涤系统采用的减速是( )。

A. 变频器减速　B. 一级齿轮减速　C. 二级皮带减速　D. 一级皮带减速

3. 普通双桶洗衣机的波轮转动无力可能原因是( )。

A. 皮带松弛　　B. 皮带过紧　　　C. 皮带断　　　　D. 刹车不良

4. 普通双桶洗衣机洗涤桶漏水的可能原因是( )。

A. 水阀弹簧过紧　　B. 水阀弹簧松弛　　C. 皮带过紧　　D. 皮带松弛

5. 全自动滚筒式洗衣机洗涤时,波轮运转,其内桶( )。

A. 不转　　　　　B. 间隙转　　　　C. 高速转　　　　D. 低速转

第 **6** 章

电风扇

6.1 电风扇的类型

6.1.1 电风扇的分类及其特点

1. 电风扇的分类

电风扇可分为多种类型。

(1) 按电源的性质分类

可分为交流(单相、三相)、直流和交直流电风扇。交流单相电风扇主要应用于家庭,三相交流电风扇主要用于工矿企业,而直流及交直流两用电风扇多用于汽车、火车、轮船等移动场所。

(2) 按电动机的型式分类

可分为单相交流电容运转式、单相交流罩极式、直流或交直两用串激整流子式电风扇。罩极式电动机生产工艺简单,适用于大批量生产,缺点是启动转矩小,耗电量大。电容运转式电动机的启动性能、效率、功率因数和噪声等指标均优于罩极式电动机。

(3) 按结构及使用特征分类

可分为台扇、落地扇、吊扇、顶扇、壁扇、转页扇、换气扇、无叶风扇等。

(4) 按使用功能分类

可分为定时、摇摆、变速、灯饰、手动和遥控电风扇等。

2. 电风扇基本类型及特点

(1) 落地扇

落地扇的底座放在地上,可随意调节电扇的高度,具有调速、摇头功能,适用于家庭、办公室、旅馆等场所。

(2) 台 扇

台扇外形如图 6.1.1 所示。可见,台扇与落地扇基本相同,具有落地扇除升降功能之外的所有功能。由于其小巧轻便,往往放在桌(台)上使用。

(3) 吊 扇

吊扇悬吊在天花板上使用。吊扇具有调速功能,调速器通常安装在墙上。吊扇的特点是扇叶大,风量大,风面宽,送风均匀,而且不占地面使用空间。

(4) 转页扇

转页扇外形如图 6.1.2 所示。转页扇是利用叶扇前面的转页的旋转来实现风向的变化,其风力柔和具有自然风的感受,适用于家庭中使用。

(5) 顶　扇

顶扇是安装在天花板上或顶棚上使用的,其外形如图 6.1.3 所示;具有 360°连续回转摇头功能,适用于火车、轮船和各种运输车上。

图 6.1.1　台扇外形　　　　图 6.1.2　转页扇外形　　　　图 6.1.3　顶扇外形

(6) 换气扇

换气扇安装在窗框或墙洞上,与室外相连通,可使室内的空气排出室外。换气扇无调速和摇头机构,多用于厨房和卫生间等场所。

(7) 无叶风扇

无叶风扇也叫空气增倍机,灵感源于空气叶片干手器。图 6.1.4 为某台式无叶风扇实物图。

图 6.1.5 为无叶电风扇工作原理图。无叶风扇基座中电机通过底部的吸风孔吸入空气,圆环边缘的内部隐藏着一个叶轮,以圆形轨迹形成不间断的冷空气流喷出。同时,冷空气流经过无叶风扇扇头环形内唇环绕,其环绕力带动扇头附近的空气随之进入扇头,并以高速度向外吹出。两种效应叠加的结果理论上可以使实际吹出的空气量为流过基座空气量的整整 15 倍。

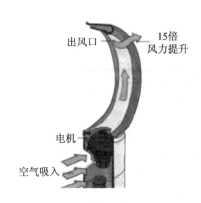

图 6.1.4　某台式无叶风扇实物图　　　　图 6.1.5　无叶电风扇结构原理图

无叶电风扇具有安全无叶扇、安全时尚、可无级变速等优点,但其比有叶风扇的价格高,电耗和噪声大。

6.1.2　电风扇的型号和规格

1. 电风扇的型号

为了设计、制造和使用的方便,以及简化对产品名称、型式、规格的叙述,有关部门规定了电风扇产品型号的统一命名方法。电风扇型号的表示方法如下:

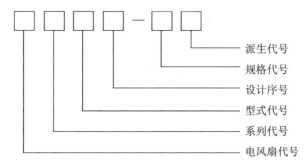

其含义如下:

第一个位置是电风扇代号,用字母"F"表示电风扇。

第二位置是系列代号,用字母表示。"R"表示单相电容式(常省略),"H"表示单相罩极式,"T"表示三相交流式,"Z"表示直流式。

第三位置是型式代号,用字母表示。"A"表示轴流式排气扇,"B"表示壁扇,"C"表示吊扇,"D"表示顶扇,"E"表示台地扇,"T"表示台扇,"S"表示落地扇,"Y"表示转页扇。

第四个位置是设计序号,表示是第几次设计,用阿拉伯数字表示。

第五、六个位置是电风扇规格代号,用两位数字表示扇叶直径为多少厘米。

例如:FHT2－40 表示扇叶直径为 40 cm(或 400 mm)的罩极式台扇,第二次设计;FZD2－30 表示扇叶直径为 300 mm 的直流顶扇,第二次设计;FS4－40 表示扇叶直径为 400 mm 的单相电容式落地扇,第四次设计。

2. 电风扇的规格

电风扇的规格是以扇叶直径尺寸大小来表示的,扇叶直径即扇叶最大旋转轨迹的直径。按照扇叶直径划分,可分为多种不同规格的电风扇。表 6.1.1 列出了部分电风扇的规格。

3. 电风扇的主要技术指标

(1) 输出风量

输出风量是指在单位时间内所送出的空气流量,单位是 m³/min。它同输出功率及扇叶的形状有关。

表 6.1.1　部分电风扇的规格

品　种	扇叶直径/mm	品　种	扇叶直径/mm
台扇	200、250、300、400	顶扇	300、350、400
落地扇	300、350、400	换气扇	150、200、300、350、400、4 510、500
吊扇	900、1 050、1 200、1 400、1 500、1 800	壁扇	250、300、400
转页扇	250、300、350		

(2) 使用值

电风扇在额定条件下全速运转时的风量与输入功率的比值即为使用值,单位是 $m^3/(min \cdot W)$。电风扇的使用值越大,说明它把电能转变为风能的转换效率越高。

常用电风扇的风量、使用值、功率及转速(220 V,50 Hz)如表 6.1.2 所列。

表 6.1.2　电风扇的风量、使用值、功率及转速情况

类　型	规格/mm	最小风量 /(m³·min⁻¹)	最低使用值/(m³·min⁻¹·W) 电容式	罩极式	功率/W	转速/(r·min⁻¹)
台扇	200	16	0.60	0.50	32	2 200
壁扇	230	20	0.70	0.55	38	2 200
落地扇	300	38	0.90	0.65	46	1 250
	350	51	1.00	0.70	54	1 360
	400	65	1.10	0.75	66	1 305
	500	90	1.25	—	78	—
	600	150	1.45	—	85	—
	700	105	2.80	1.70	75	—
	900	140	3.05	2.12	75	260
吊扇	1 050	170	3.10	2.40	75	260
	1 200	215	3.25	2.74	75	260
	1 400	270	3.50	2.833	85	260
	1 500	300	3.70	3.00	90	260
	1 800	325	3.85	3.08	—	—

(3) 调速比

电风扇在额定条件下运转时,其最低转速挡与最高转速挡的转速之比即为调速比,用百分数表示,即

$$调速比 = \frac{最低挡转速}{最高挡转速} \times 100\%$$

调速比反映了电风扇高、中、低挡转速差别的程度,按国家标准规定:对于 250 mm 电容式台扇,壁扇不应大于 80%,电容式吊扇不应大于 50%。

(4) 启动性能

电风扇的启动性能是指对于有调速的电容式台扇、落地扇、台地扇、壁扇及吊扇在额定频率、额定电压的 85% 下,罩极式在额定频率、额定电压 90% 下,调速器处于最低

转速挡位,摇头机构处于工作范围内的任意一个位置上,电机轴线成水平时,均能由静止状态顺利启动。

对于无调速器的电风扇按上述工作状态,在 80% 的额定电压下也应由静止状态顺利启动。

(5) 振动与噪声

电风扇的电动机、机械转动部分和扇叶不平衡等会产生一定的振动和噪声。噪声的大小直接影响风扇的质量,因此国家标准规定:900 mm 吊扇噪声应低于 60 dB,200 mm 台扇应低于 59 dB,300 mm 落地扇应低于 60 dB。

6.2 电风扇的基本结构

6.2.1 落地扇的基本结构

落地扇主要由扇头(电动机)、连接头机构、扇叶、网罩、开关箱、升降机构、底座和电气控制机构等组成。其外形如图 6.2.1 所示。

1. 扇 头

扇头主要由单相交流电动机、摇头机构及前后端盖组成如图 6.2.2 所示。

(1) 电动机

落地扇电动机采用最广泛的是交流单相电容运转式电动机。这种电动机不仅结构简单,而且具有较好的运行性能和启动性能,具有启动转矩大、启动电流小、功率因素高、噪声小、温升低等优点。

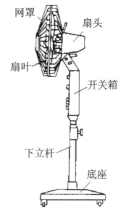

图 6.2.1 落地扇外形图

电动机的作用除带动扇叶旋转外,还要通过传动机构带动扇头做周期性摆动。电容式电动机主要由定子、转子、轴承和前后端盖等部件组成,如图 6.2.3 所示。

(2) 摇头机构

摇头机构主要功能是加速室内空气的循环,避免强气流固定吹向一个方向。

扇头的摇头动作是由电动机驱动的。对于扇头的摇摆角度,国家标准规定:250 mm 以下的摇头角度不小于 60°,300 mm 以上的不应大于 80°。常见的摇头机构有杠杆离合式和掀拔式两种。杠杆离合式摇头机构主要由减速机构、四连杆机构和控制机构 3 部分组成,如图 6.2.4 所示。

① 减速器。电扇的减速器采用两级减速。将电动机的高速旋转降低到摇头齿轮的 4～7 r/min,再经四连杆机构,电风扇获得每分钟 4～7 次的往复摇头。第一级采用蜗杆与蜗轮(即斜齿轮)啮合连接传动减速;蜗轮在离合器咬合时,即带动与蜗轮同轴的

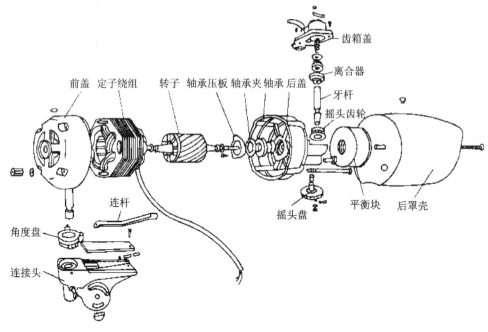

图 6.2.2 扇头结构展开图

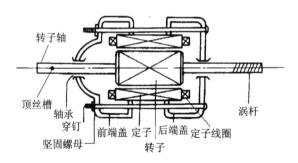

图 6.2.3 电动机结构图

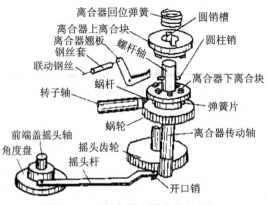

图 6.2.4 离合器式摇头控制机构

牙杆运动,牙杆末端齿轮又与摇头盘齿轮啮合传动,完成第二级减速,从而带动摇头盘齿轮轴杆上的曲柄连杆做往复运动。

② 四连杆机构。电扇的摇头运动是依靠连杆机构来实现的。摇头连杆安装在电动机下方,与摇头齿轮、曲柄连杆、角度盘和扇头构成四连杆机构,驱使扇头沿弧线轨迹做往复摆动,如图 6.2.5 所示。左端是摇头齿轮,右端是角度盘,其间距为 L_2,有一个长度为 L_3 的连杆分别与摇头齿轮和角度盘上偏心为 L_1、L_4 的销钉相铰连。L_1、L_2、L_3、L_4 即相当于四根连杆。由机械原理可知,在此机构中,如以 L_1 作为机架,则由于 L_4 的转动,L_2(扇头)和(连杆)即做往复摆动(为双摇杆运动),也就是扇头做往复摆动。

③ 控制机构。电风扇的摇头与否是由控制机构操纵的,它可有多种结构形式,作用是使风扇的定向送风变为在一定角度范围内送风。

离合器式摇头控制机构如图 6.2.4 所示,这种控制机构是通过操纵齿轮箱内上下离合块的离合作用来控制牙杆的传动,从而达到摇头的目的。它在牙杆轴上有一套离合装置,其中上离合块与牙杆用销钉固定,下离合块则与牙杆滑动配合,并固定在与蜗杆啮合的位置上。离合动作通过软轴(联动钢丝)与翘板连接,利用开关箱上的旋钮进行控制;也可将牙杆轴放长,并伸出扇头后罩壳,通过拉压牙杆来改变离合器的离合状态达到控制的目的。

当离合器处于分离状态时,电风扇转轴端的蜗杆带动蜗轮和下离合块空转,而牙杆和摇头齿轮处于静止位置,电风扇不摇头。当将摇头控制旋钮处于摇头位置时,软轴放松,离合器闭合,蜗轮带动牙杆转动,使整个摇头机构动作,电风扇摇头。

2. 连接头机构

连接头的作用是连接扇头和开关箱(或底座),由枪式连接座、角度盘、滑动轴承、俯仰角度盘等组成,并可使扇头在一定范围内做仰角调节,如图 6.2.6 所示。

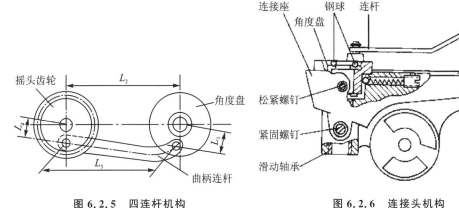

图 6.2.5　四连杆机构　　　图 6.2.6　连接头机构

3. 扇叶和网罩

(1) 扇叶

扇叶是电风扇中推动空气流动的主要部件之一,它的大小和形状对电风扇的风速、风量、噪声、功率消耗大小及运转平稳等有较大影响。

落地扇一般采用三叶片,常用的扇叶叶型多呈阔掌形、阔刀形和狭掌形,如图 6.2.7 所示。为使扇叶在运转时的阻力尽可能小和运转平稳,叶片较理想的工作状态是从叶根到叶尖所受气压均匀,为此,叶片各个横断面应有不同程度的扭角。

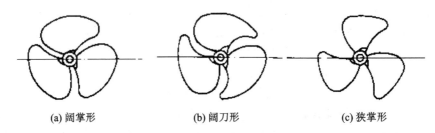

(a) 阔掌形   (b) 阔刀形   (c) 狭掌形

图 6.2.7　常用的扇叶叶型

扇叶在出厂前已经调整好,在安装和使用时不要磕碰,以免其变形影响电扇的特性。

(2) 网罩

网罩的主要作用是防止人体及外物接触旋转的网叶,以保护人体安全和保护扇叶。网罩一般分前后两部分,前网罩通过扣夹和定位销连接在后网罩上,其中央部位大都装有装饰件,后网罩则用螺母固定在扇头前盖上。网罩的材料有金属、塑料两种。金属网罩采用钢丝接成射线性,再经电镀或喷漆而成。

4. 开关箱

落地扇的开关箱采用铝合金铸成或用工程塑料注塑成形。指示灯、定时控制开关、调速器等主要控制零部件都安装在开关箱内,如图 6.2.8 所示。

5. 升降机构和底座

升降机构主要由内管、外管、调节头和弹簧等组成,如图 6.2.9 所示。内管与开关箱连接,外管则固定在底座上,外管内设有长弹簧,用来支承开关箱与扇头的合重力。

底座一般做成圆形或方形的金属体,采用铸铁铸造而成,以构成一定的重量来维持落地扇的稳定性。底座下面装有万向轮,用以改变电风扇的位置和方向。

6. 电气控制机构

电风扇的电气控制机构主要有调速开关、定时器。

(1) 调速开关

调速开关按其结构形式有旋转式、琴键式和轻触式等几种形式。

1) 琴键式调速开关

琴键式调速开关的开关键帽壳呈琴键形,键帽外观可根据设计要求采用方、圆、扁等各种形状。图 6.2.10 为常见的 4 位 3 挡式琴键开关的外形图,图 6.2.11 为琴键开关结构示意图。琴键开关设有自动锁片,用以防止同时按下多个键,避免烧毁电动机。

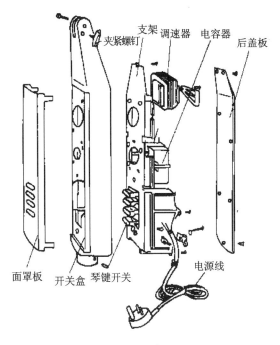

图 6.2.8　开关箱展开图

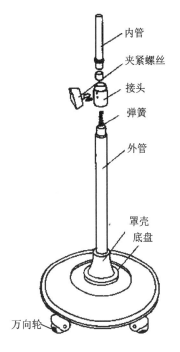

图 6.2.9　升降机构和底座

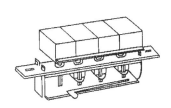

图 6.2.10　琴键开关外形图

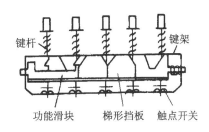

图 6.2.11　琴键开关结构示意图

2）旋转式调速开关

　　旋转式调速开关是以旋转方式使触点闭合或断开，其结构示意图如图 6.2.12 所示。当开关处于图示位置时，电路处于断开状态。顺时针旋转开关的旋钮带动固定在开关轴上的动触片旋转一个角度后，动触片使定触片与导电片第一挡接通，电路闭合；继续旋转旋钮使动触片转动，则使定触片与导电片的其余挡依次接通，并且在接通下一挡之前把前一挡断开。每一挡的定位

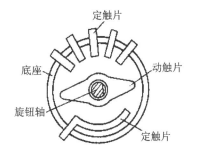

图 6.2.12　旋转式调速开关示意图

通常利用弹簧和钢珠来实现。底座上有凹槽位，并与挡位相对应。当旋钮旋转使钢珠落在凹槽内时，位置得以固定，相应的挡位接通。用力旋钮旋转，使钢珠落到下一个凹

槽内时,下一挡位接通。

(2)定时器

电风扇用定时器有机械式、电动式和电子式3种。

6.2.2 吊扇的基本结构

吊扇及其他电扇与落地扇基本结构相同,但又各具其特点。吊扇主要由扇叶、扇头、悬吊装置及独立安装的调速器组成,如图6.2.13所示。

1.扇叶

目前,国内吊扇的叶片普遍采用1.5～2 mm的铝板冲压成型,多为三叶长条形,常制成阔叶型及狭叶型两种。狭叶型用料较省,且风的效果与阔叶型相近,故较多地采用狭叶型。冲压成型的叶片用螺钉固定在叶脚上。叶脚应有合理的倾角及足够的刚性,常用3～3.5 mm冷轧钢板冲压成型。

2.扇头

吊扇的扇头即吊扇的电动机,是吊扇的主要部件,其结构如图6.2.14所示,由定子、转子、滚珠轴承、上盖、下盖等组成。它与落地扇电动机的不同之处是采用封闭式外转子结构。这种结构的特点是定子固定在电动机中间,外转子绕定子旋转,从而带动与之连接的扇头和外壳一起转动;扇叶安装在扇头外壳上,随着扇头外壳的旋转送风。

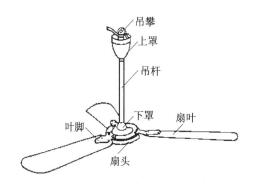

图6.2.13 吊扇结构图

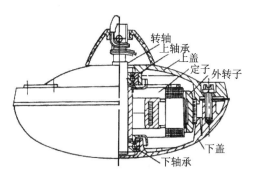

图6.2.14 吊扇的扇头结构图

3.悬吊装置

吊扇的悬吊装置包括吊杆、吊攀及上下罩。上下罩主要用作外表装饰。吊杆、吊攀是悬挂吊扇的重要部件。吊杆通常用无缝钢管制成,其长度可根据用户要求而定。吊攀的作用是一端连接吊杆,另一端挂在天花板上的挂钩上。

4.电气控制部分

吊扇的电气控制部分只有调速功能,并且是独立安装在便于用户使用的地方。

6.2.3　转页扇的基本结构

转页扇也称箱式风扇,特点是送风的角度是立体的,气流柔和,有自然风的感觉;其次,转页扇所采用的电动机、扇叶等零部件均封装在塑料箱体内,因此它不但结构紧凑、轻巧、美观大方,而且有双重绝缘性能,使用安全可靠;再次,转页扇的电动机安装在扇叶的前部,散热效果好,从而延长了电动机的使用寿命。

转页扇主要由箱体、扇叶、转页盘、电气控制部分等组成,如图 6.2.15 所示。

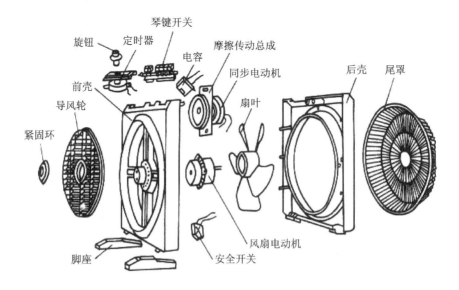

图 6.2.15　转页扇的展开图

1. 箱体

转页扇的箱体由前壳、后壳、尾罩、脚座等组合而成,其他部件都安装在箱体上。

2. 扇叶

转页扇的扇叶较窄,叶片数比较多,这使得风压降低,风势缓和。扇叶采用工程塑料注塑成型,其工艺简单,重量轻。

3. 转页盘

转页盘也称导风轮,多采用工程塑料注塑成型,安装在前壳的正前面。转页盘的驱动方式按结构的不同,可分为 3 种:

① 由风扇电动机的转轴经齿轮减速后带动转页盘旋转。

② 利用本机扇叶风力吹动转页盘转动,同时设置阻尼结构来实现减速。

③ 单独设置一个微型同步电动机来驱动转页盘旋转。

4. 电气控制部分

转页扇的电气控制部分与落地扇的电气控制部分基本相同,有定时器和调速开关,但是转页扇还设置有安全开关(或叫防倒开关)。当转页扇翻倒时,电源能自动切断,而扶正后,电源又能自动接通。

防倒开关是一个重锤安全装置,其结构示意图如图 6.2.16 所示。图 6.2.16(a)为防倒开关直立状态,金属球因自身重力下落至开关的两电极之间,使两电极接通。图 6.2.16(b)为防倒开关翻倒状态,金属球因自身重力滚动离开了开关体斜面,使两电极处于断开状态。

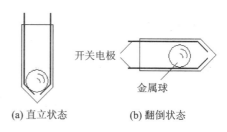

(a) 直立状态　　　(b) 翻倒状态

图 6.2.16　防倒开关结构示意图

6.2.4　换气扇的基本结构

换气扇又叫排风扇,主要安装在墙洞或窗框上用于通风排气。按结构不同,可分为开敞式和遮隔式换气扇;按功能不同,可分为单向换气扇、双向换气扇和过滤换气扇。

所谓开敞式换气扇,是指没有设置挡风板,因此,在换气扇不工作时,不能遮隔外界气流进入室内,其结构如图 6.2.17 所示。它的优点是结构简单,价格便宜,维修方便;缺点是外界的冷热空气和灰尘随时可进入室内。

遮隔式换气扇克服了开敞式换气扇的缺点,它设有挡风翻板,其结构如图 6.2.18 所示。在不工作时,挡风翻板闭合,阻隔外界空气和灰尘进入室内,而在电风扇工作时,挡风翻板翻开,让室内气流能顺利排出室外。

单向换气扇是只有一种工作状态,即排气或进气,电动机做单方向转动。

双向换气扇有两种工作状态,即电动机可正反向转动,其具有排气或进气双重功能。

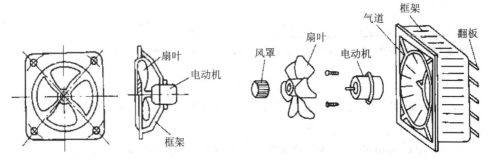

图 6.2.17　开敞式换气扇　　　　图 6.2.18　遮隔式换气扇

6.3 电风扇的电气控制原理

6.3.1 电风扇的调速原理及方法

电风扇通过改变电机绕组电压、磁场强度,从而实现对电风扇转速的调节。常用的调速方法有以下几种:

1. 电抗器调速

电抗器是一个带有铁芯的电感线圈,将它串接在电动机定子绕组中,中间的几个抽头分别连接在调速开关上;当调速开关调至各挡时,利用电路中的电抗线圈不相等,直接改变了加于电动机的端电压,实现有级调速,如图 6.3.1 所示。图中调速开关接在高速挡时,220 V 电压直接加在电动机定子绕组两端,磁场强度最大,电动机转速最高;当调速开关接在中速挡时,220 V 电压通过一个线圈降压后加在电动机定子绕组两端,磁场强度降低,电动机转速也减慢;当调速开关接在低速挡时,220 V 电压通过两线圈降压后再加在电动机定子绕组两端,磁场强度最低,电动机转速最慢。

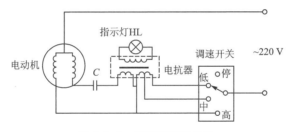

图 6.3.1 电抗器调速电路

电抗器调速的优点是绕制简单,容易调整各挡调速比,发现故障时修理方便。缺点是需另外加一个电抗器,增加材料、成本和体积,增加无功耗电量等。

2. 电动机定子绕组抽头调速

电容式电动机的抽头调速是电风扇各种调速方法中最简单的。抽头调速电动机实际相当于把电抗器与定子绕组制造在一起,作为绕组的一部分,称为中间绕组。改变对定子绕组的接法,使在相同的外施电压下,定子绕组上每匝电压发生变化,以此调节气隙磁通,从而达到调速的目的。优点是用料省、体积小、耗电省、效率高、重量轻;缺点是绕线、嵌线、接线麻烦。由于抽头调速优点突出,国内外电容运转式电风扇普遍采用抽头法调速。

抽头调速电容式电动机的绕组是由主绕组、副绕组和中间绕组组成。根据调速绕组接线位置不同可分成 L 型、T 型接法两种。

(1) L 型接法

L 型接法又可分为 LI 型和 LII 型两种。LI 型接线原理如图 6.3.2 所示,用于电容运转式或罩极式电动机调速。因为中间绕组与主绕组在空间上是同相位的,所以两绕组分布在同一槽内,中间绕组在主绕组的上面。

LII 型的接线原理如图 6.3.3 所示,用于电容运转式电动机调速,适用于额定电压为 220 V 的电动机。其中间绕组与副绕组同嵌于一个槽内,并与副绕组串联,且在空间上同相位,与主绕组有 90°电气角。快速挡时主绕组承受最高电压,慢速挡时主绕组承受电压最低。这种接法应用较普遍。

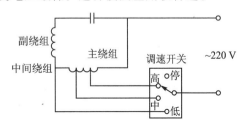

图 6.3.2　LI 型抽头调速接线法原理

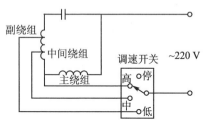

图 6.3.3　LII 型抽头调速接线法原理

(2) T 型接法

T 型接法原理如图 6.3.4 所示,用于电容器运转或罩极式电动机调速,适用于额定电压为 220 V 的电动机。它是将中间绕组接在主、副绕组回路之外,其中间绕组的相位与主相绕组相同,两个绕组都分布在同一槽内,也可以将中间绕组的一部分嵌于主绕组槽中,另一部分嵌于副绕组槽中。

3. 电容器调速法

电容器调速法利用电容器和电机串联,借助调速开关改变电容器容量以调节主副两端的电压,从而达到电扇调速的目的。图 6.3.5 是电容器调速电路图。

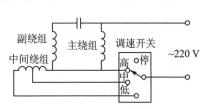

图 6.3.4　T 型抽头调速接线法原理

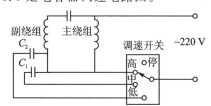

图 6.3.5　电容器调速电路图

4. 电子调速电路

(1) 晶闸管(可控硅)无级调速电路

图 6.3.6 是一种常见的电风扇晶闸管无级调速电路,主要由主回路和触发回路两部分组成。其中,电源开关 S、双向可控硅 VT、电感 L 与风扇电动机 M 构成主回路;电阻 R_1、R_2、R_3,电位器 R_P,电容 C_1 和双向触发二极管 VD 构成触发电路。电源通过 R_P、R_1 和 R_3 对 C_1 充电,调节 R_P 的阻值可改变 C_1 上的电压达到 VT 的 G 极触发电压所需的时间,使 VT 的控制角发生变化,从而改变流过电动机 M 的电流,达到无级调速的目的。图中 L、C_3 可抑制高频干扰,R_4 和 C_2 组成保护电路,主要是防止 VT 不为

高压脉冲击穿损坏。

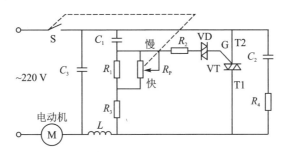

图 6.3.6　晶闸管无级调速电路

（2）模拟自然风电子调速电路

普通电风扇通电后就连续运转，其风速一般固定不变，使人感觉不到凉快，甚至会引起身体不适。为了解决这个问题，通过电子控制电路可使电风扇吹出模拟自然风，如图 6.3.7 所示。该电路比一般电路增加了一个电子控制装置，具有标准风（强、中）、微风和模拟自然风的转换功能。

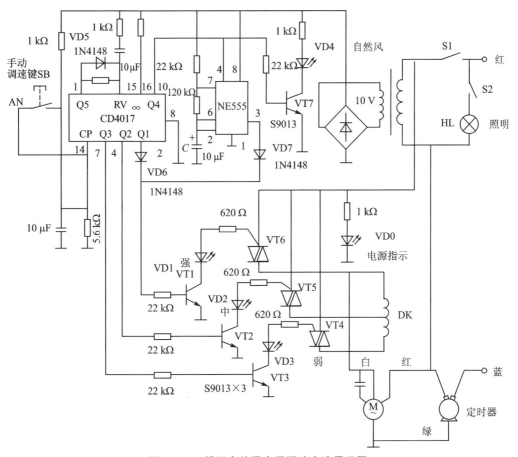

图 6.3.7　模拟自然风电子调速电路原理图

CD4017 为十进制计数/脉冲分配器,其引脚及逻辑功能如图 6.3.8 所示。

NE555 定时器引脚及功能如图 6.3.9 所示。NE555 接成无稳态多谐振荡器工作状态,利用 4 脚复位端控制振荡器工作。

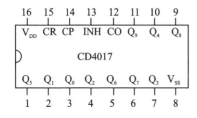
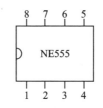

1—接地;2—触发;3—输出;4—复位;
5—控制,控制触发电平和阈值电平;
6—阈值;7—放电;8—V_{cc}

图 6.3.8　CD4017 引脚及逻辑功能图　　图 6.3.9　NE555 定时器结构图

当接通电源时,电路输出全部为零。按轻触开关 AN 后,从 CD4017 的 14 脚 CP 端产生一个计数脉冲,这时 Q1 输出高电平,VT1 导通,相应的可控硅触发导通,强风运转;再按一次 AN,由 Q2 输出高电平,VT2 导通,相应的可控硅触发导通,中风运转;第 3 次按 AN,由 Q3 输出高电平,相应可控硅触发导通,微风运转;第 4 次按 AN,则 Q4 输出高电平,NE555 起振,NE555 第 3 脚输出矩形波,经二极管加到 VT1 基极,使三极管重复导通、截止,相应的可控硅重复导通、关断,使电风扇频繁地启动和停止,利用惯性产生模拟自然风;第 5 次按 AN,则 Q5 输出高电平,向复位端 15 脚输入一个复位脉冲,全部清零,电风扇停止转动。利用发光二极管直观地显示工作状态。

5. PTC 元件微风调速法

一般电风扇通过降低电动机定子绕组的电压来降低电风扇的转速,但这种降低是有限度的,即当电压降低到一定的值时(160 V),电动机将难以启动甚至不能启动。可是在能启动的最低挡的转速所产生的风力仍较强(转速约 800 r/min)。当人们休息或不很热时,往往只需要一个微风(转速约 500 r/min)。PTC 元件调速法可实现微风,其电路如图 6.3.10 所示。

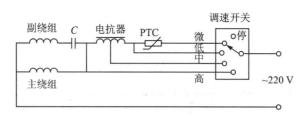

图 6.3.10　PTC 调速电路图

PTC 元件是正温度热敏电阻器,常温时其阻值约为 50 Ω,当电路通电(220 V)时,其端电压约为 10 V,电风扇能顺利启动。电风扇启动后,电流流过 PTC 元件,则它将发热,当温度不断升高超过居里点时,其阻值急剧增加。10 分钟后,PTC 元件的阻值增大到 300 Ω 左右,其端电压约为 50 V,因而电风扇自动进入微风运转,此时具有转动惯性,只要有一个较小的磁场力就能维持电风扇转动。

6.3.2 微电脑程控电风扇

微电脑程控电风扇的结构与普通电扇的结构大同小异,只是将各种功能全部或局部综合起来,由微电脑担任控制输出任务,既可以使电风扇具有多种功能,又使控制电路变得简单可靠。在电风扇专用微电脑芯片内,生产厂家已将预先设计好的各种电风扇运转程序固化到只读存储器(ROM)内,使用者只要按动外接的各个功能键,微电脑的中央处理器便按指令将对应的程序由 ROM 中取出,然后分配到各个输出端上,从而使电风扇按此程序运转。专为电风扇控制电路设计的微电脑芯片种类很多,下面以富士宝 FS40 - E8A 型遥控落地扇为例介绍微电脑控制型电风扇电路的原理与故障检修方法。该机电路由主控电路和遥控器电路两部分构成。

1. 主控电路

主控电路由微处理器 IC2(BA8206A4K)、双向晶闸管 T1～T4、放大管、风扇电机、摇头电机、遥控接收头、指示灯等元件构成,如图 6.3.11 所示。

(1)电源电路

将电源线插入市电插座后,220 V 市电电压经熔断器 FA 进入电路板,一方面经双向晶闸管为电动机供电;另一方面经 R_9、C_7、R_8 降压,由 ZD1 稳压,利用 D1 半波整流,C_5 滤波产生 5 V 直流电压,为微处理器 IC2(BA8206A4K)、蜂鸣器、遥控接收头等供电。

市电输入回路的 R_Z 是压敏电阻,作用是防止市电电压过高损坏电机等器件。市电升高时 R_Z 击穿,使熔断器 FA 熔断,切断市电输入回路,从而实现市电过压保护。

(2)微处理器 IC2(BA8206A4K)的引脚功能

微处理器 IC2(BA8206A4K)的引脚功能如表 6.3.1 所列。

表 6.3.1 微处理器 IC2(BA8206A4K)的引脚功能

引 脚	功 能	引 脚	功 能
1	遥控接收信号输入	10	风扇电机低速驱动信号输出
2	电源控制信号输入/指示灯控制信号输出	11	风扇电机中速电机驱动信号输出
3	定时控制信号输入/指示灯控制信号输出	12	风扇电机高速电机驱动信号输出
4	风速控制信号输入/指示灯控制信号输出	13	摇头电机驱动信号输出
5	风型控制信号输入/指示灯控制信号输出	14	供电
6	指示灯控制信号输出	15	蜂鸣器驱动信号输出
7	指示灯控制信号输出	16	外接 455 kHz 晶振
8	指示灯控制信号输出	17	外接 455 kHz 晶振
9	摇头控制信号输入	18	接地

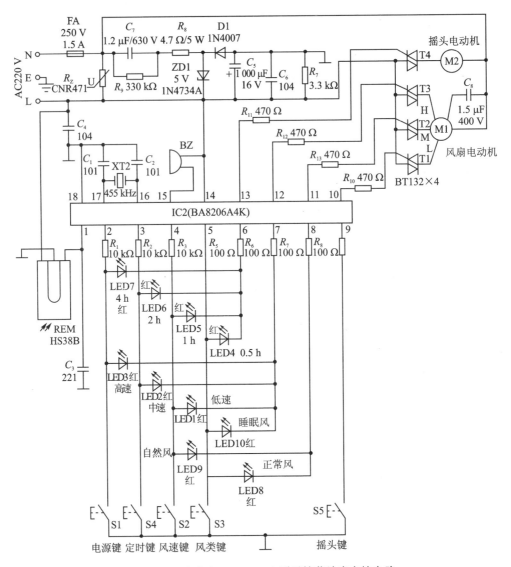

图 6.3.11　富士宝 FS40 - E8A 型遥控落地扇主控电路

(3) CPU 工作条件电路

电源电路工作后,由它输出的 5 V 电压加到微处理器 IC2(BA8206A4K)的 14 脚,为它供电。IC2 得到供电后,内部振荡器与 16、17 脚外接的晶振 XT2 通过振荡产生 455 kHz 的时钟信号。该信号经分频后协调各部位的工作,并作为 IC2 输出各种控制信号的基准脉冲源。同时,IC2 内部的复位电路输出复位信号,从而使它内部的存储器、寄存器等电路复位后开始工作。

(4) 遥控接收电路

遥控接收电路以遥控接收电路 REM、微处理器 IC2(BA8206A4K)为核心构成。

遥控器发射来的红外信号被 REM 选频、放大、解调,输出符合 IC2 内解码电路要求的脉宽数据信号。经 IC2 解码后,IC2 就可以识别出用户的操作信息,再通过相应的端子输出控制信号,使电风扇工作在用户所需要的状态。

（5）蜂鸣器控制

微处理器 IC2 的 15 脚是蜂鸣器驱动信号输出端。每次进行操作时,IC2 的 15 脚输出蜂鸣器驱动信号,驱动蜂鸣器 BZ 鸣叫一声,提醒用户电风扇已收到操作信号,并且此次控制有效。

（6）定时控制

微处理器 IC2 的 3 脚为定时控制信号输入端。当按压面板上的定时键 S4 后,IC2 的 3 脚输入定时控制信号,于是就可以设置定时的时间了。每按压一次定时键,定时时间会递增 30 min,最大定时时间为 7.5 h。定时期间,IC2 还会控制数码管显示定时时间。

（7）摇头电动机控制

该摇头电动机控制电路由微处理器 IC2、摇头电机 M2（采用的是同步电动机）、摇头控制键 S5 和双向晶闸管 T4 等构成。

按摇头操作键 S5,则 IC2 的 9 脚输入摇头控制信号,被 IC2 识别后,IC2 的 13 脚输出触发信号。该信号通过 R_{12} 触发双向晶闸管 T4 导通,为摇头电动机 M2 供电,使电动机 M2 低速旋转,实现 90°送风。关闭摇头功能时再按 S5 键,被 IC2 识别后会使 T4 截止,电动机 M2 停转,电风扇工作在定向送风状态。

（8）主电机的风速调整

主电机风速控制电路由微处理器 IC2、主电机 M1（采用的是电容运行电机）、风速键 S2 和双向晶闸管 T1～T3 等构成。

按风速键 S2 使 IC2 的 4 脚输入风速调整信号,IC2 的 10、11、12 脚依次输出触发信号,使电动机在启动电容 C_8 的配合下按低、中、高 3 种风速循环运转,同时控制相应的指示灯发光,表明电动机旋转的速度。当 IC2 的 11、12 脚无驱动脉冲输出,10 脚输出驱动信号时,双向晶闸管 T2、T3 截止,通过 R_{10} 触发双向晶闸管 T1 导通,为主电动机的低速端子供电,使电动机在 C_8 的配合下低速运转。同理,按风速键 S2 可以使 IC2 的 10、12 脚无驱动信号输出,而 11 脚输出驱动信号,通过 R_{13} 触发 T2 导通,为电动机的中速抽头供电,使电动机中速运转。若 IC2 的 10、11 脚无驱动信号输出,而 12 脚输出驱动信号,使 T3 导通,电动机会高速运转。

（9）风型控制

微处理器 IC2 的 5 脚为风型调整信号输入端。当按压面板上的"风类"键 S3 后,IC2 的 5 脚输入风类控制信号,就可以电风扇的工作模式工作。依次按压该键时,则控制转叶扇轮流工作在正常风、自然风（自然风为 3 挡风速间歇随机变化）、睡眠风（采用间歇控制方式,以适应人体生理要求）3 种模式。同时,IC2 还会控制相应的风型指示灯发光,提醒用户该机工作的风类。

2. 遥控器电路

遥控器电路由微处理器 IC1（BA5104）、发射管、放大管等构成,如图 6.3.12 所示。

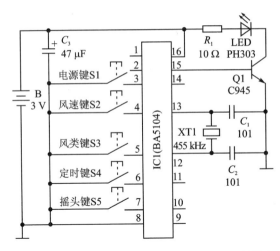

图 6.3.12　富士宝 FS40 - E8A 型遥控落地扇遥控器电路

由两节电池构成的 3 V 电源经 C_3 滤波后,不仅加到 IC1(BA5104)的 16 脚为 IC1 供电,而且通过 R_1 限流为发射电路供电。IC1 获得供电后开始工作,它内部的振荡器与 12、13 脚外接的晶振 XT1 和移相电容 C_1、C_2 通过振荡产生 455 kHz 时钟信号,经分频后产生 38 kHz 载波频率。

IC1 的 3～7 脚外接的按键 S1～S5 是功能操作键,当按下某个按键时,低电平的操作信号输入到 IC1,被 IC1 内部的编码器编码后,由 15 脚输出后经 Q1 放大,控制红外发射管向空间发射红外线控制信号。

3. 常见故障检修

(1) 不工作、指示灯不亮

该故障是供电线路、电源电路、微处理器电路异常所致。

首先,检查电源线和电源插座是否正常,若不正常,检修或更换;若正常,拆开电风扇的外壳后,测熔断器 FA 是否开路,若开路,则检查压敏电阻 R_Z 和滤波电容 C_7 是否击穿;若它们击穿,更换后即可排除故障;若它们正常,检测电动机。若熔断器 FA 正常,说明电源电路或微处理器电路异常。此时,测 C_5 两端有无 5 V 电压,若有,检查操作键、晶振 XT2、C_1、C_2 和 IC2;若没有,测 R_9 是否开路、C_7 是否容量不足。

(2) 摇头电动机不运转,主电机运转正常

该故障的主要原因:一是摇头电动机 M2 异常;二是双向晶闸管 T4 异常;三是摇头控制键 S5;四是微处理器 IC2 异常。

首先,检查摇头电动机有无供电,若有,更换或维修摇头电动机;若无供电,测微处理器 IC2 的 13 脚有无驱动信号输出;若没有,检查摇头控制键 S5 和 IC2;若有,则检查 R_{11} 和双向晶闸管 T4。

(3) 摇头电动机转,但风扇电动机不运转

该故障的主要原因:一是风扇电动机或其运行电容 C_8 异常,二是风速控制键 S2,

三是微处理器 IC2 异常。

首先,用遥控器操作能否恢复正常,若能,检查 S2 和 IC2;若不能,测风扇电动机两端有无供电;若有,检查运行电容 C_8、电动机;若没有,检查供电线路。

（4）通电后,风扇电动机就高速运转

该故障的原因就是双向晶闸管 T3 击穿,而 T3 开路则会使主电动机可以低速或中速运转、但不能高速运转。

（5）遥控功能失效

遥控器功能失效说明遥控器、遥控接收头 REM 或微处理器 IC2 异常。

首先,更换遥控器的电池能否恢复正常,若能,说明电池失效;若不能,检测遥控器是否正常,若正常,检查 REM 和 IC2;若不正常,检查晶振是否正常,若不正常,更换即可;若正常,检查红外发射管和放大管。

6.4　电风扇的常见故障与检修

6.4.1　检修的基本程序

1. 查阅使用说明书

查阅使用说明书的目的是了解电扇的规格、结构、启动形式、调速方式和摇头方式。如果没有说明书,则可借助铭牌上的标志作参考。

2. 检查外观

检查外观有无损伤、锈蚀和变形。

3. 检查机械部分

检查是扇叶转动是否灵活,若不灵活甚至抱死,则应检查是否轴承缺油、变形、错位等;检查转子轴向窜动是否过大,扇叶及轴承是否松动、摇晃;检查各开关、按键、旋钮操作是否灵活。

4. 检查电气部分

检查电源插头、插座是否接触良好,是否锈蚀;检查电源保险是否接触不良或损坏（烧黑、断开）;用万用表检测开关、定时器、线路的通断;用万用表检测电动机绕组的电阻、电压或电流;用万用表电阻挡判断启动电容的好坏。

5. 观察电扇运转

接通电源后,注意观察电扇运转情况,看是否平稳,有无异响和异味等。

6.4.2 落地扇常见故障与检修

为便于分析检查,现将落地扇电风扇的常见故障现象、检查判断和排除方法进行了总结归纳,如表6.4.1所列。

表 6.4.1 电风扇常见故障与排除

故障现象	可能产生原因	检修方法
通电后电扇不能启动	1. 电源没有接通 2. 定子绕组断路或烧坏 3. 电容器损坏 4. 开关失效 5. 定时器失灵 6. 定子与转子相碰 7. 轴承与轴配合过紧	1. 查看电源保险丝、电源线及插头是否断路、松动并修复 2. 接通或更换绕组 3. 调换同规格电容器 4. 更换开关 5. 更换定时器 6. 更换轴承 7. 旋松轴承孔或洗净重装
电动机发热	1. 轴承缺油 2. 定、转间隙中有异物 3. 绕组短路 4. 转子铝条断开 5. 定子绕组极性接反	1. 在油孔注入机油 2. 清除异物 3. 调换绕组 4. 调换转子 5. 纠正错接
摇头失灵	1. 摇头机构装配不当 2. 齿轮磨损严重 3. 摇头盘开口销脱落 4. 摇头软轴钢丝损坏 5. 钢丝绳两头夹紧螺钉松动 6. 连杆开口销脱落	1. 重新装配 2. 更换齿轮 3. 重新安装 4. 更换钢丝绳 5. 旋紧松动螺钉 6. 重配开口销
电扇转速慢	1. 电源电压过低 2. 电容器损坏 3. 电动机绕组局部短路 4. 绕组接线接反	1. 调整电压 2. 更换同规格电容器 3. 更换短路绕组 4. 改正接头方向
电扇转动时有响声	1. 轴承磨损引起轴向跳动 2. 轴向移动过大 3. 定、转子间隙内有杂物 4. 扇叶变形 5. 网罩固定不紧	1. 更换轴承 2. 添加适当垫圈 3. 清除杂物 4. 校正或更换扇叶 5. 固定紧网罩
电扇调速失灵	1. 调速绕组损坏 2. 开关接触不良 3. 调速绕组引出线焊接不良	1. 重新制作调速绕组 2. 更换或修复 3. 重焊

续表 6.4.1

故障现象	可能产生原因	检修方法
电动机运行时冒烟	1. 定子绕组受潮 2. 主、副绕组绝缘损坏 3. 绕组匝间短路 4. 绕组碰壳	1. 重新浸漆烘干 2. 更换绕组 3. 更换或修理 4. 加强绝缘
运转时振动过大	1. 扇叶变形 2. 扇叶叶片松动 3. 扇叶套筒与转轴配合过松 4. 紧固件松动	1. 校正扇叶 2. 重新铆合叶片 3. 镶套筒或更换扇叶 4. 拧紧紧固螺钉
外壳带电	1. 电源引出线破损碰壳 2. 定子绕组损坏 3. 定子绕组绝缘老化	1. 更换引出线 2. 更换绕组 3. 加强绝缘处理
电扇时转时不转	1. 电源线损坏 2. 各连接线接触不良 3. 开关内部接触不良 4. 主、副绕组短路或碰线 5. 摇头机构配合过紧	1. 更换电源线 2. 重新焊接牢固 3. 更换或修复 4. 更换或修复 5. 修配过紧零件

6.4.3　转页扇的常见故障与检修

1. 转页扇电路

转页扇电路如图 6.4.1 所示。

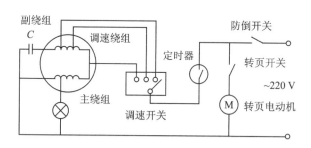

图 6.4.1　转页扇电路图

2. 转页扇的常见故障与检修

转页扇的基本结构、电路原理与落地扇大体相同,所以,很多故障及检修方法相同,下面只针对转页扇较特殊的故障进行简要介绍,如表 6.4.2 所列。

表 6.4.2　转页扇的常见故障与检修

故障现象	可能原因	排除方法
转页不转	1. 转页固定过紧 2. 转页轴环磨损 3. 同步电动机的拉力弹簧脱落或拉力不足 4. 同步电动机损坏	1. 放松固定螺母 2. 更换转页 3. 重新上好弹簧或更换 4. 更换同步电动机
转页扇倾倒后仍转动不停	安全开关失灵	主要是开关内的钢球滚动受阻,拆下来清除阻碍物即可

习题 6

一、填空题

1. 电风扇按电动机的型式分类可分为_____式、_____式、直流或交直两用串激整流子式电风扇。

2. 电风扇的调速比是指额定条件下运转时,其_____转速挡与_____转速挡的转速之比。

3. 扇叶是电风扇中推动_____的主要部件之一。

4. 电扇的摇头运动是依靠_____来实现的。

5. 常用的调速方法有_____调速、_____调速、_____调速、_____调速、_____调速。

二、选择题

1. 电风扇的使用值越大,电能转变为风能的转换效率越高,使用值最大的是(　　)。
    A. 吊扇　　　　　B. 落地扇　　　　　C. 壁扇　　　　　D. 台扇

2. 电风扇电机发热的可能原因是(　　)。
    A. 电容器损坏　　B. 绕组短路　　　C. 扇叶变形　　　　D. 电源电压过低

3. 电风扇不能自行转动,但可用手启动,然后转动正常,可能原因是(　　)。
    A. 电压不正常　　B. 线路不良　　　C. 电机不良　　　　D. 电容不良

4. 防倒开关的作用是(　　)。
    A. 倾倒通电　　　B. 倾倒断电　　　C. 间断通电　　　　D. 定时通电

5. 实现微风调速方法是(　　)。
    A. 降低电压　　　B. 提高电压　　　C. 使用 PTC 元件　　D. 使用 RLC 元件

第 **7** 章

电冰箱

7.1 电冰箱的分类和型号

7.1.1 电冰箱的分类

1. 按电冰箱的使用功能分类

1) 冷藏电冰箱

冷藏电冰箱主要用于保鲜食物,冷藏食品、饮料及药品,箱内温度在 0～10℃之间。这种冷藏式电冰箱通常做成单门电冰箱,容积在 170 L 以下。

2) 冷藏冷冻电冰箱

冷藏冷冻电冰箱既可用于冷藏、保鲜食物,又可用于冷冻食品;既有冷藏室,又有冷冻室,冷藏室温度为 0～10℃,冷冻室温度为 −6～−12℃。这类电冰箱容积大多在 100～250 L,通常做成双门、三门及多门的电冰箱。

3) 冷冻电冰箱

冷冻电冰箱是专门用于储藏冻结食品的电冰箱;只有一个冷冻室,箱内温度低于 −18℃,通常做成单门式。

2. 按电冰箱的冷却方式分类

1) 直冷式电冰箱

它是借助空气自然对流或与蒸发器的直接接触而使食品冷却的,这种由蒸发器直接夺取热量的冷却方式称为直冷式。由于直冷式电冰箱蒸发器的金属表面直接与食品或空气接触,蒸发器表面容易结霜,因此又称有霜电冰箱。

直冷式电冰箱的主要特点是结构简单,制造方便。冷冻室或冷藏室蒸发器直接吸收食品中的热量,使食品被冷却的速度快且省电,但仅靠空气自然对流冷却。因此,箱内温度均匀性差。同时,由于蒸发器表面容易结霜,须经常化霜。化霜时,又须将食品从冷冻室取出,所以比较麻烦。

2) 间冷式电冰箱

它是利用风扇强制箱内冷空气对流来实现对食品间接冷却的,这种依靠强制循环气流与蒸发器进行热交换来实现制冷的形式称间冷式。间冷式电冰箱的蒸发器是装在冷冻室与冷藏室隔层中,霜只结在隔层中的蒸发器表面,冷冻室内无霜或结霜少,故又称无霜电冰箱。

间冷式电冰箱的特点是冷冻室和冷藏室都不会结霜,使电冰箱的利用率提高;由于冷气强制循环,冷藏室降温快,温度均匀性好;化霜自动进行,不必将食品从冷冻室搬出,有利于食品的长期储存。间冷式电冰箱结构复杂,价格较贵;冻结速度比直冷式电冰箱慢,耗电量较大。

另外,若按制冷剂不同又分有氟、无氟电冰箱等。

无氟电冰箱的出现减轻了现行使用的氟利昂冰箱因泄漏对大气臭氧层的破坏及诱发温室效应,无氟电冰箱可称为绿色电冰箱,是大有发展前景的新一代电冰箱。

目前,我国生产的无氟电冰箱不仅选用了不含氯原子或低氯原子的替代物作为制冷剂,而且在工艺上也更趋于完美,即向"无霜+保鲜+无氟+节能+大冷冻力"的方向发展。

7.1.2　电冰箱的规格与型号

1. 电冰箱容积的定义

(1) 毛容积
冰箱室内壁所包围的容积,称为电冰箱的毛容积。

(2) 有效容积
毛容积中减去各部件所占据的容积和那些认定不能用于储藏食品的空间后所余的容积,称为电冰箱的有效容积。

2. 规格与型号

(1) 规格
电冰箱的规格是以箱内容积的大小来划分的。电冰箱的规格划分没有统一的标准,国内一般倾向于:

➤ 有效容积≤100 L 称为小规格冰箱;

➤ 100 L<有效容积≤250 L 称为常规规格冰箱;

➤ 有效容积>250 L 称为大规格冰箱。

(2) 型号
按国家标准规定,产品的型号主要由产品代号(电冰箱的产品代号为 B)、用途类别代号、规格代号(以冰箱容积数值表示,单位为升)、冷却方式代号(无霜电冰箱用 W 表示,直冷冰箱无此代号)、改进设计序号(用大写字母 A、B、C 等顺序表示)5 部分组成。

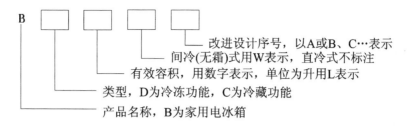

改进设计序号,以A或B、C…表示
间冷(无霜)式用W表示,直冷式不标注
有效容积,用数字表示,单位为升用L表示
类型,D为冷冻功能,C为冷藏功能
产品名称,B为家用电冰箱

例如:BCD－170A　　有效容积为170 L,第一次改进型的直冷式冷藏冷冻电冰箱

　　　BC－190W　　　190 L家用间冷式冷藏电冰箱

　　　BCD－230WB　第二次改进设计230 L家用间冷式冷藏冷冻电冰箱

　　　BD－120W　　　120 L家用间冷式冷冻电冰箱

需要注意的是,我国电冰箱型号中的数字直接表示电冰箱的有效容积,但有些进口电冰箱型号中的数字所代表的意义各不相同。

7.2　电冰箱的结构

7.2.1　箱体的组成

电冰箱一般由箱体、制冷系统、电气控制系统组成。典型的双门电冰箱结构如图 7.2.1 所示。

箱体由外箱、内箱、箱门、绝热层和附件等组成。外箱和内箱之间均充满硬制聚氨酯泡沫塑料(PUF),其绝热良好,重量轻,黏结性强,不吸水。

1．外箱

外箱基本上有两种结构形式,一种是拼装式,即由左右侧板、后板、斜板等拼装成一个完整的箱体,优点是不需大型辊轧设备,箱体规格变化容易。但对侧板的要求高,强度不如整体式好。另一种是整体式,即将顶板和侧板按要求辊轧成一个倒 U 形,再与后板、斜板点焊成一体。

2．内箱

内箱由箱内胆与门内胆组成。内胆一般采用丙烯腈-丁二烯-苯乙烯(ABS)板或改性聚苯乙烯(PS)板,加热后再用凸模真空成型或凹模真空成型。它们呈白色或奶黄色,具有无毒、耐腐蚀、重量轻、生产效率高、成本低等特点。不足的是硬度和强度较低,且耐划伤、耐热性较差,使用温度不许超过 70℃。若箱内有加热元件,必须加装防热和过热保护装置。目前,许多厂家采用一种新型材料 HIPS 作内箱,它耐腐蚀、质地坚韧、无气味、不吸尘、加工成形容易、价格低,但光泽、抗裂不如 ABS。

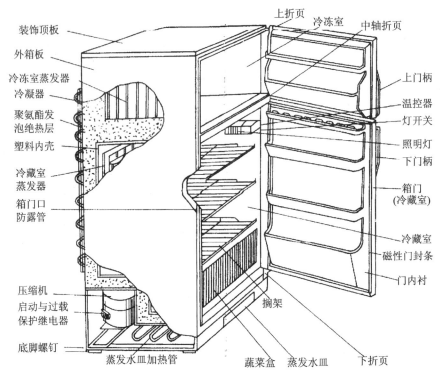

图 7.2.1 双门电冰箱结构图

3. 箱门

箱门由门面板、门内胆、门衬板和磁性门封条等组成。

电冰箱的箱门使用磁性门封条,利用磁力作用使箱门四周与箱体门框密封贴合在一起,起隔热、隔流作用。以防箱内外空气进行热交换。磁性门封条由门封塑胶套内装磁性胶条构成。图 7.2.2 为两种常见磁性门封结构。

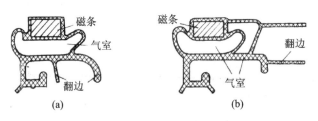

图 7.2.2 磁性门封

门封塑胶套用软质聚氯乙烯挤压成型,中空的气室一方面用来增加弹性,另一方面用其中的静止空气来构成良好的隔热层,磁性胶条由掺有磁粉的橡胶条做成。使用时将磁条插入门封塑胶套,然后把门封条用压条及螺钉拧压在门胆四周,靠磁条对箱体门框上钢板外壳的磁性吸力将门与箱体门框密封贴合在一起。

4. 隔热层

隔热层置于外壳与内壳之间,主要用于保温。绝热材料主要用硬质聚氨酯发泡而成,由于发泡剂对全球温室效应有直接和间接的影响,因此选择发泡剂时必须考虑其对环境的影响。

7.2.2　制冷系统

1. 制冷剂

制冷剂是制冷系统中完成制冷循环的工作介质(也叫工质),用"R"作为代号。制冷剂在制冷系统中通过相态的变化实现能量转移,即在蒸发器内制冷剂吸收被冷却物质的热量而蒸发气化,又在冷凝器中将热量传递给周围介质(空气或水)而冷凝成液体。通常把压缩机称为制冷系统的"心脏",而把制冷剂称为制冷系统的"血液"。

电冰箱的制冷剂多采用氟利昂 12(R12)、氟利昂 22(R22)、四氟乙烷(R134a)等。氟利昂是饱和碳氢化合物的氯、氟、溴衍生物的总称。但是,氟利昂会破坏臭氧层,使臭氧层减薄甚至形成空洞,并产生温室效应。R134a 是无氟电冰箱的新型环保制冷剂,具有与 R12 较相似的性质,但传热效果比 R12 好,且对臭氧层的破坏很小。

制冷剂的主要特性有:易于液化和气化;具有比较低的冷凝压力;单位容积制冷量大;临界温度高,凝固温度低,蒸发潜热大,气体的比容小;不燃烧、不爆炸,对人体无毒;对金属无腐蚀性,与水及润滑油不起化学变化。

常用制冷剂性能如表 7.2.1 所列。

表 7.2.1　常用制冷剂的性能

名　称	符　号	分子式	沸腾温度/℃	临界温度/℃	临界压力/Pa	凝固温度/℃
氟利昂 12	R12	CF_2Cl_2	-29.8	112.04	411.21×10^4	-155.0
氟利昂 22	R22	CHF_2Cl	-40.8	96.0	493.23×10^4	-160.0

2. 制冷系统的组成

压缩式电冰箱的制冷系统是电冰箱的重要组成部分,基本结构如图 7.2.3 所示。它主要由压缩机、冷凝器、干燥过滤器、毛细管、蒸发器等组成。各部件之间用管道连接起来,形成一个封闭系统,其内充入适量的制冷剂,通常蒸发器装在箱体内部,冷凝器装在箱体外部。

3. 制冷系统的工作原理

制冷系统的结构如图 7.2.3 所示,工作过程是:压缩机吸入从蒸发器出来的低压低温制冷剂蒸气,并将其压缩成高温高压制冷剂蒸气后送入冷凝器中。在冷凝器中制冷剂蒸气将大量的热量散发给箱外的空气而冷凝成液态,成为高压液态制冷剂,然后通过干燥过滤器将制冷剂中的水分和杂质滤除,再送入毛细管。毛细管非常细,通道狭小,

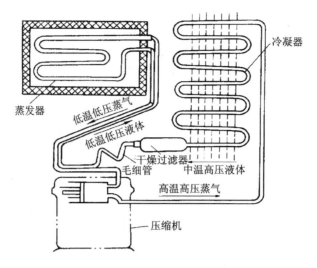

图 7.2.3　压缩式制冷系统结构图

阻力极大,因此对制冷剂液体起到降压节流作用,使制冷剂液体压力明显降低,蒸气温度也随之降低,有极少部分制冷液体气化。制冷剂成为低温低压气液混凝合状态,由毛细管进入蒸发器后,由于体积突然加大,压力骤然降低,制冷剂迅速蒸发,由液态变为气态,在蒸发过程中要从箱内的食物中吸收大量的热量,对食物起到冷却作用。然后在蒸发器中蒸发后的低压低温气态制冷剂再被压缩机吸入进行压缩,再经冷凝器、干燥过滤器、毛细管而进入蒸发器。制冷剂在封闭的制冷系统中如此循环往复,不断吸收食物的热量并排到箱体外的空气中,直到箱内的温度达到所要求的预定温度为止。

　　现在市场上销售的电冰箱种类很多,制冷系统的形式也有所不同,但制冷系统的工作过程相同,即当电冰箱通电运行时,制冷剂经冷凝器→干燥过滤器→毛细管→蒸发器→被压缩机吸回,反复循环。通常使用的电冰箱主要有单门直冷式电冰箱、双门直冷式电冰箱和双门间冷式电冰箱等几种,其结构及制冷系统如图 7.2.4 所示。

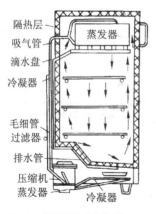

(a) 单门直冷式电冰箱　　　　　　　　(b) 单门直冷式电冰箱管路系统图

图 7.2.4　几种电冰箱结构及制冷系统图

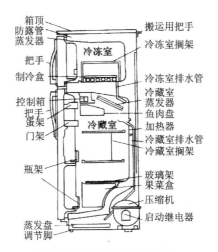

(c) 直冷式双温双门电冰箱剖面图

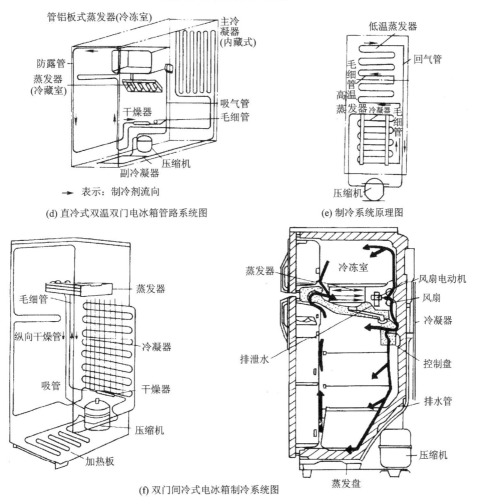

(d) 直冷式双温双门电冰箱管路系统图

(e) 制冷系统原理图

(f) 双门间冷式电冰箱制冷系统图

图 7.2.4　几种电冰箱结构及制冷系统图(续)

7.3 电冰箱的主要部件

7.3.1 压缩机

1. 压缩机的作用

压缩机的作用是压缩制冷剂蒸气。压缩机电动机驱动活塞运动,将吸入蒸发器中的低温低压制冷剂蒸气压缩成高温高压制冷剂蒸气送入到冷凝器中。

压缩机是制冷循环系统的动力,比喻为制冷装置的"心脏"。借助于这个"心脏",制冷剂在系统的管道中才能实现往返循环。

压缩机的制冷量指工作每小时从被冷却物体所带走的热量,热量用 J/h 或 W 表示。压缩机制冷量大小又随着工况条件的变化而变化,工况条件不同,制冷量大小也不同。

2. 压缩机的结构及工作过程

家用电冰箱多采用全封闭式压缩机,压缩机的结构如图 7.3.1 所示。

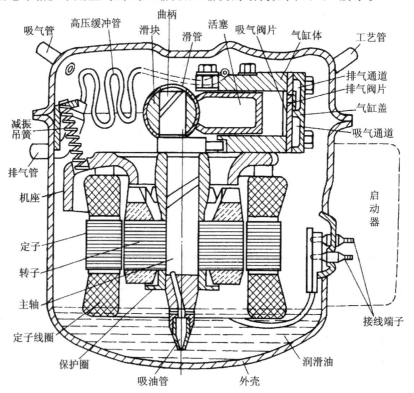

图 7.3.1　全封闭曲柄滑管式压缩机结构图

全封闭式压缩机用 3～4 mm 厚的钢板冲压成上下两部分,然后焊接在一起。电动机和压缩机都装在封闭的罩壳内。

压缩机的电动机是一种单相交流感应电动机,其结构与普通电动机大致相同,由定子和转子两大部分组成。电动机定子上有启动绕组和运行绕组,启动绕组线径细、匝数少、电阻大而电感小,运行绕阻与其相反。通入交流电,两绕组产生旋转磁场,它作用在转子上,并使转子产生启动转矩。当启动转速达到额定转速的 70%～80%,在启动继电器控制下,断开启动绕组,而只让运行绕组工作。电动机带动压缩机曲轴运转,使压缩机得以正常工作。

压缩机工作时,活塞由曲柄连杆结构带动,将旋转运动转变为活塞的往复直线运动,在气缸内周期性地压缩气体。活塞运动随着曲柄的转速而定,转速愈高,活塞的往复次数愈多。反之则愈少。每一个周期的工作均可分为膨胀、吸气、压缩、排气 4 个过程。

压缩机的工作过程示意图如图 7.3.2 所示。

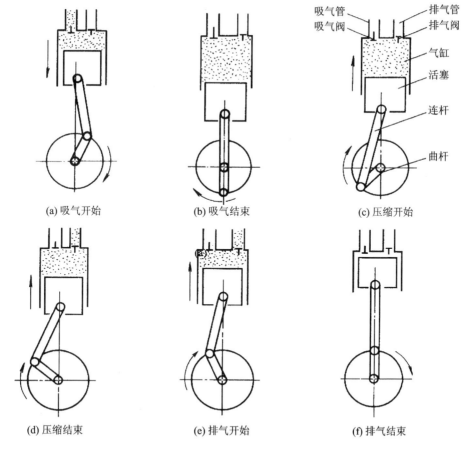

图 7.3.2　压缩机的工作过程

(1) 膨胀

当活塞运行到上止点时,余隙容积 V_C 中残留一部分排不出的高压气态制冷剂,其压力略高于压缩机的排气压力。当活塞从上止点开始向下止点方向运动时,该部分制冷剂蒸气就随之膨胀,压力和温度下降。此时因为气缸内的压力仍大于吸气压力,故气阀仍然关闭,压缩机并不吸气。当压力下降到与吸气压力相当时,膨胀过程结束。

(2) 吸气

活塞在气缸中继续从上往下运动时,其顶部的气缸容积增大,由于吸、排气阀门处于关闭状态,气缸内的气体压力下降。当气体压力低于吸气压力时,在压力差的作用下,吸气阀片就被吸气管路内的气体顶开,吸气过程开始,直至活塞移至下止点时,气缸容积最大,气体停止流入,吸气过程结束。

(3) 压缩

吸气过程结束后,活塞又从下止点向上止点方向运动,这时气缸的容积减少,气缸内的制冷剂蒸气受到压缩,气体压力和温度也随之上升,于是将吸气阀关闭。在吸气阀和排气阀均处于关闭的状态下,当缸内压力超过排气管路中的气体压力时,排气阀即被顶开,缸内气体压力就不再升高,压缩过程结束。

(4) 排气

当活塞继续向上止点方向运动时,维持压缩过程气缸内压力,使气缸内的高温高压气体克服排气阀的重力和气阀弹簧的弹力而不断排入管路中,直至活塞移至上止点位置时,排气阀关闭,排气结束。

由以上压缩机工作过程可知,活塞在气缸中每往复运动一次,即曲柄每转一圈,就会依次进行压缩、排气、膨胀和吸气过程,周而复始,将蒸发器内的低压气体吸入,压缩后使其成为高压气体排入冷凝器,在制冷系统中建立压力差,迫使制冷剂在系统中循环流动,达到制冷的目的。

7.3.2 冷凝器

冷凝器又称散热器,起放热作用,它将压缩机排出的高压过热蒸气的热量传递给周围的低温介质,使制冷剂成为液态,从而完成热交换。

1. 冷凝器的冷却种类

1)水冷式

水冷式冷凝器的特点是传热效率高,结构比较紧凑,适用于大中型制冷装置。但采用这种冷凝器需要有水冷却系统,且管壁上结水垢后传热效果会降低,故需要定期清洗。

2)空气冷却式

空气冷却式冷凝器不需要冷却水,因而使用、安装都比较方便,特别适用于小型制冷装置中。但空气冷却式冷凝器传热效率低,体积和重量也比较大。

3）蒸发式

蒸发式冷凝器是利用水在管外蒸发时吸收热量而使管内制冷剂蒸气冷凝的一种热交换器。冷却水在管外侧从上而下喷射,同时吸入大量的冷却风,促使冷却水吸取制冷剂气体的热量而蒸发,蒸发后的水蒸气被冷空气带走制冷剂蒸气的热量,使制冷剂蒸气冷却放热而液化。

电冰箱冷凝器采用空气冷却方式。按冷却空气的不同循环方式,分为自然对流冷却和强迫通风对流冷却两种方式。一般冷藏容量在 300 L 以上的电冰箱采用强迫通风对流冷却,300 L 以下的电冰箱采用自然对流冷却。

空调器的冷凝器有水冷式和风冷式(主要是强迫通风对流)两种,前者可用于柜式空调器和整体式移动空调器,后者多用于窗式空调器和分体式空调器。

2. 冷凝器的结构

冷凝器的结构一般有百叶窗式冷凝器、钢丝式冷凝器、内藏式冷凝器、翅片盘管式冷凝器。其中,百叶窗式、钢丝式、内藏式冷凝器属于自然冷却式冷凝器。翅片盘管式属于强制通风冷凝器。

自然冷却式冷凝器工艺简单,安装方便,在家用电冰箱中采用较多。有关百叶窗式冷凝器、钢丝式冷凝器、内藏式冷凝器以及翅片盘管式冷凝器的结构如图 7.3.3～图 7.3.6 所示,这里不再详细介绍。

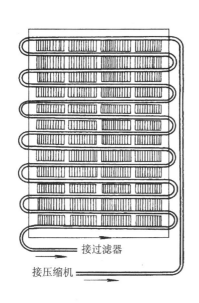

图 7.3.3　百叶窗式冷凝器

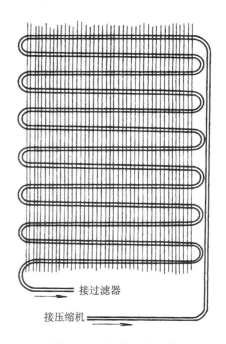

图 7.3.4　钢丝式冷凝器

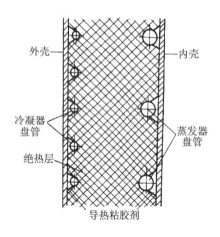

图 7.3.5　内藏式冷凝器

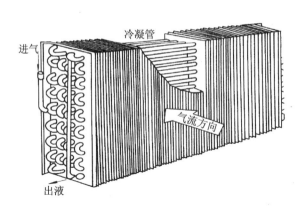

图 7.3.6　翅片盘管式冷凝器

7.3.3　蒸发器

蒸发器是一种将电冰箱内的热量传递给制冷剂的热交换器,安装在电冰箱的箱体内部。其作用是吸热,液态制冷剂在蒸发器中沸腾吸收周围空间的热量,制冷剂由液态变成气态,从而达到制冷的目的。

1. 蒸发器的冷却种类

蒸发器按照被冷却物体的性质可分为 3 类:

1)液体冷却式

冷却液体或液体载冷剂的蒸发器,统称为液体冷却器。

2)空气冷却式

冷却空气的蒸发器,称为空气冷却器。通常制冷剂在管内流动并蒸发,空气在管外自然循环对流或空气强迫循环流动并被冷却。如果空气以自然对流方式冷却,则习惯上称为排管式蒸发器。如果空气以强迫循环流动方式冷却,则习惯上称空气冷却器或冷风机。

3)固体冷却式

冷却固体的蒸发器,称为接触式蒸发器。制冷剂在间壁的一侧蒸发,另一侧与被冷却或冻结的固体直接接触,省去了载冷物质,使传热效率提高。

2. 蒸发器的结构

蒸发器的结构形式主要有铝平板式蒸发器、管板式蒸发器、蛇形翼片管式蒸发器、翅片管式蒸发器,如图 7.3.7～图 7.3.10 所示。铝平板式、管板式和蛇形翼片常用于直冷式家用电冰箱,翅片管式常用于间冷式电冰箱和空调器中。

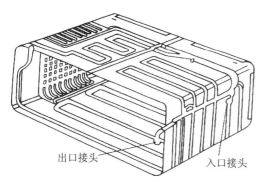

图 7.3.7　铝平板式蒸发器

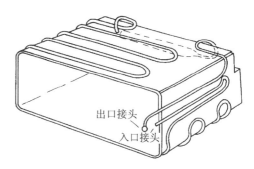

图 7.3.8　管板式蒸发器

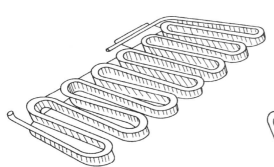

图 7.3.9　蛇形翼片管式蒸发器

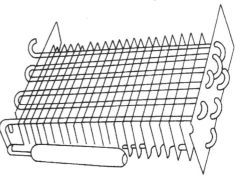

图 7.3.10　翅片管式蒸发器

7.3.4　干燥过滤器

干燥过滤器是干燥器和过滤器合二为一的名称,安装于冷凝器的出口与毛细管的进口之间,它的作用有两个:

① 清除制冷系统中的残留水分,防止产生冰堵,减小水分对制冷系统的腐蚀作用。

② 清除制冷系统中的杂质,如金属、各种氧化物和灰尘,防止杂质堵塞毛细管或损伤压缩机。

干燥过滤器的结构如图 7.3.11 所示,干燥剂一般采用分子筛或硅胶。

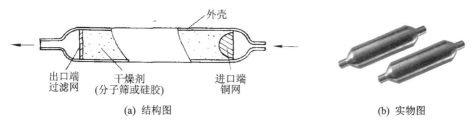

(a) 结构图　　　　　　　　　　　(b) 实物图

图 7.3.11　干燥过滤器的结构

油污阻塞或水分吸附过多时会引起干燥过滤器表面凝露或结霜,维修时应将干燥过滤器拆下,用四氯化碳或汽油清洗,过滤器经干燥活化处理后可以重新使用;若不能修复,则应予以更换。

干燥过滤器和毛细管常见的故障有"脏堵"和"冰堵"。

① 脏堵。脏堵是由于制冷系统中有杂质,堵塞制冷系统。造成的原因可能是制冷系统装配过程不严格、零件清洗不彻底,使外界杂质进入制冷系统;或制冷系统内有水分、空气和酸性物质,产生化学反应而生成杂质。故障现象是:电冰箱处于工作状态时,蒸发器内无制冷剂的流动声,不结霜,冷凝器不热。修理时,可用清洗剂 R113 清洗管道,再用 $0.6\sim0.8$ MPa 的压缩空气或氮气反复吹除制冷系统管道,然后将喷射出来的气流喷在一张白纸上,观察其杂质痕迹,以便进行判断。清洗完毕再焊接、抽真空检漏,再充注制冷剂。

② 冰堵。冰堵是由于制冷系统有水分存在,而水分又不溶于制冷剂,当水分经过毛细管或节流阀口时,遇冷变为冰粒聚集起来,达到一定程度后将堵塞管路,使制冷剂无法循环。故障现象表现为:电冰箱刚开始工作时,蒸发器结霜正常,能听到制冷剂流动声,冷凝器发热。过一段时间后,听不到制冷剂循环流动声,霜层融化,冷凝器不热。直到蒸发器温度回到0℃以上,电冰箱才能恢复到正常制冷状态。之后又会发生此类故障现象,从而形成周期性变化的现象。这种故障主要是由于制冷剂不纯,含有水分或空气,或在维修过程中,对制冷系统抽真空不良,使空气进入制冷系统。排除的方法是对制冷系统抽真空、重新充注制冷剂。

7.3.5 毛细管与膨胀阀

1. 毛细管

毛细管的作用是节流降压,功能是保持蒸发器与冷凝器之间的压力差,保证蒸发器降压到规定的低压力(规定的温度)下,使制冷剂蒸发吸热,使冷凝器中的气态制冷剂在适当的高压(高温)下散热冷凝。同时它又能控制制冷剂的流量,使蒸发器保持合理的温度,保证电冰箱安全、经济地运行。

毛细管其实是一根细长的紫铜管,内径为 $0.5\sim1$ mm,外径约 2.5 mm,长度为 $1.5\sim4.5$ m。毛细管接在干燥过滤器与蒸发器之间,依靠其流动阻力沿管长方向的压力变化来控制制冷剂的流量和维持冷凝器与蒸发器的压力。当制冷剂液体流过毛细管时要克服管壁阻力,产生一定的压力降,且管径越小,压降越大。液体在直径一定的管内流动时,单位时间流量的大小由管子的长度决定。由于毛细管又细又长,管内阻力大,所以能起节流作用,使制冷剂流量减小,压降低,为制冷剂进入蒸发器迅速沸腾蒸发创造良好条件。

毛细管降压的方法具有结构简单、制造成本低、加工方便、造价低廉、可动部分不易产生故障等优点,且在压缩机受温度控制器的控制而停止运转的期间,毛细管仍然允许冷凝器中的高压液态制冷剂流过而进入蒸发器,直至制冷系统内的压力平衡为止,以利于压缩机在下次启动时能轻易启动。若压缩机停止后,在压力尚未达到平衡时立即启动压缩机,则压缩机因负荷过重而无法启动,且由于电动机绕组的电流过大,使得过载保护器动作,切断电路。

毛细管容易堵塞、断裂和漏气,一旦发现故障应更换。毛细管的选用比较重要,因此要选用与原来的毛细管的长度、粗细相同,且容量要相等的毛细管。在更新毛细管时要注意:毛细管插入干燥过滤器的长度不可过长或过短,过长会触及过滤网,过短会使焊料堵塞管路。图 7.3.12 为某电冰箱毛细管实物图。

2. 膨胀阀(节流降压阀)

膨胀阀就是根据热力转换平衡原理,实现对蒸发器供液量自动调节和控制的阀件,和毛细管一样起节流降压的作用。

膨胀阀的工作过程如图 7.3.13 所示。当供液量与热负荷相适应时,制冷剂蒸气在蒸发器出口处的过热度为给定值,膜片上下受力平衡,阀口的开启度和供液量稳定不变。当蒸发器的热负荷增大、供液量相对过小时,制冷剂的蒸发过程缩短,引起蒸发器出口处的过热度增大,感温包内产生的压力相应增大,因而使膜片上鼓,传动杆带动阀芯下移,阀口变大,供液量增大。而供液量的增大又使制冷剂的蒸发过程延长,蒸发器出口处的蒸气过热度降回到给定值。膜片上下受力平衡,阀口开启度和供液量稳定不变。

图 7.3.12　电冰箱毛细管实物图

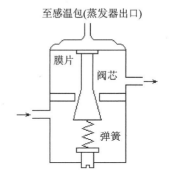

图 7.3.13　膨胀阀结构原理图

7.3.6　温控器

1. 温控器结构

电冰箱的温控器有机械温控器、电子温控器和微电脑温控器 3 种。机械压力式温控器又称蒸气压力式温控器、温度开关、温度继电器等,一般都装在电冰箱(柜)灯盒内的外侧,主要由温压转换部件、凸轮调节机构、触点以及感温腔等组成,如图 7.3.14 所示。感温腔是一个密封的腔体,内注有感温剂 R12 或氯甲烷。感温腔可分为波纹管式和膜合式。当感温管的温度高低变化时,就会引起感温剂的压力发生变化,从而引起控制开关的动作。感温剂是在低温下充入感温腔内的,并呈饱和状态,如果感温管破裂,感温剂就会泄漏而报废,因此在操作中要十分小心。

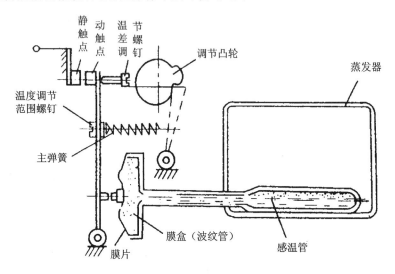

图 7.3.14 温控器结构及工作原理图

2. 工作原理

(1) 温控原理

当蒸发器表面温度上升并超过预定值时,感温管内感温剂压力加大,(传动)膜片面的压力大于弹簧的拉力,推动力点向前移动。通过弹性片连接传动,使动触点与静触点连接,电路闭合,压缩机通电运转,制冷系统开始制冷。

当蒸发器表面温度逐步下降到预定值时,感温管内感温剂压力下降,弹簧的拉力大于感温腔前端传动膜片的推力,从而使触点连接杆后移,使动触点与静触点迅速断开,电路开路,压缩机断电停止运转,制冷系统停止制冷。

(2) 温度调节原理

调节温控器旋钮实际就是调节凸轮,通过拉板前移或后移来改变弹簧的拉力大小。若此拉力大,就需要蒸发器温度高,感温剂压力大才能产生较大的推动力而使点前移,推动触点闭合,压缩机才能启动,这就是调高电冰箱温度的方法。反之,如果调节凸轮,则拉板前移弹簧拉力变小,电冰箱的温度就会调低。

(3) 温度范围高低调节

温度范围调节螺钉是电冰箱温度范围高低调节螺钉。若顺时针调节温度调节螺钉(螺钉旋出左移),相当于加大弹簧的拉力,使温控点升高。当电冰箱出现不停机的故障时,可将此螺钉顺时针调半圈或 1 圈。

反之,若逆时针调节温度调节螺钉(螺钉旋进或右移),相当于减小弹簧的拉力,使温控点降低。当电冰箱出现不能启动的故障时,可将此螺钉逆时针调半圈或 1 圈。

（4）温差调节

温差调节螺钉是电冰箱开停温度的调节螺钉,调节它相当于调节两触点之间的距离。若逆时针调节温差调节螺钉（螺钉旋出右移）,触点间距增大,使两触点闭合时所需要的传动膜片压力增大,开机温度升高,开停机温差增大,可以排除开停太频繁的现象。若顺时针调节温差调节螺钉（螺钉旋进左移）,触点间距减小,使两触点闭合时所需要的传动膜片压力减小,开机温度降低,开停机温差减小,可以排除开停周期长的现象。

7.4　电冰箱的电气控制电路

电冰箱的电气控制系统由压缩机电动机、启动继电器、过载过热保护器、温度控制器、箱内照明灯和开关等组成。双门电冰箱又分为直冷式和间冷式两种,双门直冷式电冰箱一般还装有防止箱内过冷和冷藏室的电加热及节电开关。而双门间冷式电冰箱还有蒸发器风扇电动机、化霜定时器、化霜温控器和加热保护熔断器等。

7.4.1　单门电冰箱的电气控制电路

单门直冷式电冰箱的电气控制电路是一种最基本的电冰箱控制电路,由于采用的启动元件不同,可分为重锤式启动继电器控制的电路和 PTC 启动继电器控制的电路两种。

1. 重锤式启动继电器控制的单门直冷式电冰箱电路

图 7.4.1 为重锤式启动继电器控制的单门直冷式电冰箱电路,由压缩机电动机、重锤式启动继电器、启动电容器和碟形双金属片过载过热保护器构成启动保护电路,由压力感温管式温控器、照明灯和灯开关构成温控和照明电路。

（1）启动过程

在未通电时,动触点由于衔铁自身及重锤的重力下落而与动触点断开,使电机启动绕组断路,但是继电器的线圈绕组与电动机运行绕组串联而连通。

电冰箱接通电源,温控器的触点为接通状态,电流经温控器、保护器、电动机运行绕组、启动继电器线圈构成的回路。此时因电动机定子线圈中不能形成旋转磁场,所以电动机不能转动,电流迅速增大到额定值的 5～6 倍,从而使启动继电器线圈中产生较强的电磁力,吸动衔铁,常开启动触点闭合,电流经启动继电器流过电动机启动绕组,定子产生旋转磁场,电动机开始启动运转,同时很快达到额定转速,随之电流减小,由启动电流下降到额定电流。当电流下降到产生的磁力不足以吸引衔铁时,则在重力的作用下启动继电器的触点断开,启动绕组断电,启动结束,电动机进入正常运行。启动绕组中串联一个启动电容器,是为了加大电动机的启动转矩,改善启动性能。

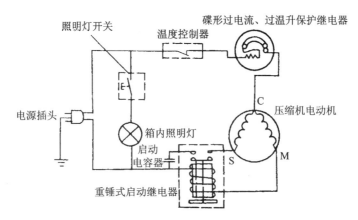

图 7.4.1　重锤式启动继电器控制的单门直冷式电冰箱电路图

（2）温控过程

温控器利用感温管检测电冰箱内的温度，通过对压缩机的开停控制来达到对电冰箱内的温度控制。在压缩机运行一段时间后，当电冰箱内温度下降到温控器所设定的温度时，温控器的触点断开，压缩机断电停止制冷。这样电冰箱内的温度便逐渐上升，当达到温控器所设定的温度差时，温控器的触点又重新接通，压缩机的电动机又启动运转，开始制冷。如此反复工作，从而实现了温度控制。

电冰箱内的照明开关平时处于常开状态，它与灯串联并接在压缩机电动机控制电源中，不管压缩机的电动机是否运转，只要电冰箱门打开，照明灯亮，关上门，照明灯灭。开关是门控开关，即门开时，开关接通，门关上时，开关断开。

（3）保护过程

过电流、过温升保护继电器通常安装在压缩机的接线盒内，其开口端紧贴在压缩机的外壳上，能直接感受到压缩机的温度。

过载过热保护器的触点在正常工作时处于常闭状态。当电动机发生故障过负荷时，保护器中的电阻丝因通过大电流而发热，致使双金属片因受热而迅速变形，使过载过热保护器触点断开，将压缩机的电动机电路切断。当压缩机电动机因长期工作而使电动机机壳温度超过允许温度 90℃ 时，双金属片受热影响也会变形切断电路。当电动机外壳温度下降到 65～80℃ 时，双金属片保护器又恢复原状态，过载过热保护器重新接通电路，压缩机的电动机又重新启动而开始工作。

2. PTC 启动继电器控制的单门直冷式电冰箱电路

如图 7.4.2 所示，接通电源，当温控器闭合后，由于 PTC 元件低温时电阻较小，大约几十欧，相当于通路，这时压缩机电动机的运行绕组和启动绕组都通电，压缩机工作，随后 PTC 元件发热，它的电阻值迅速升高到几十千欧，使得启动绕组电流迅速减少，相当于断开启动绕组。内埋式保护继电器在电路过流或过温升时断开电路，保护压缩机电动机。

PTC 启动继电器的结构和启动器外形如图 7.4.3 所示。

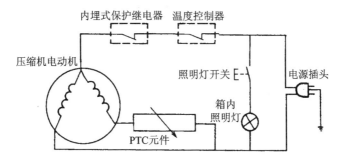

图 7.4.2　PTC 启动继电器控制的单门直冷式电冰箱电路

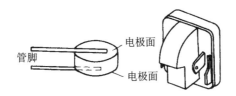

图 7.4.3　PTC 元件的结构和启动器外形

7.4.2　双门直冷式电冰箱的电气控制电路

1. 典型双门直冷式电冰箱电气控制电路

典型的双门直冷式电冰箱电气控制电路如图 7.4.4 所示。

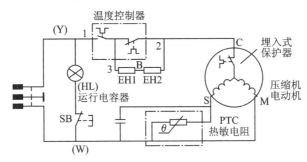

图 7.4.4　双门直冷式电冰箱典型电路

在图 7.4.4 中,温控器为定温复位型,有 3 个接线端,当温控器处于 OFF(断开)位置时,1、3 端子之间触点断开,压缩机的电动机和加热器断路,不工作,但照明灯工作;当温控器离开 OFF 位置时,1、3 端子间触点闭合,压缩机的电动机启动运转,开始制冷。待电冰箱内温度下降到预定值时,温控器 2、3 端子间触点断开,压缩机的电动机停止运转,制冷系统停止工作。此时温控器 2、3 端子间触点断开,但加热器 EH1 和 EH2 与电动机的运转绕组仍构成回路;由于 EH1 和 EH2 串联阻值很大,电动机绕组阻值较小,因此电压绝大部分降压在加热器 EH1 和 EH2 上,电动机不能运转,制冷系统也就不能工作。EH1 加热器是为了防止冷藏室蒸发器化霜不完全而设置的,EH2 加热器是为了防止冷冻室过冷和排水管冻结,EH1 和 EH2 加热器是在压缩机和电动机停止运转时才工作的。当电冰箱内温度升高到预定值时,温控器端子 2、3 间触点闭合,压缩机的电动机通电而启动运转,制冷系统开始工作。电冰箱内开始降温,当降至预定的温度时,温控器 2、3 间触点再次断开,再重复上次过程。

2. 具有半自动化霜功能的控制电路

图 7.4.5 所示电路是具有半自动化霜功能的电路原理图。电冰箱在正常工作时,化霜温控器的触点 C 与 A 接通,此时工作过程与普通双门直冷式电冰箱工作过程相同。

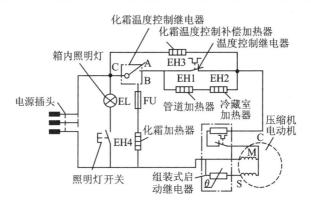

图 7.4.5 半自动化霜功能的电路原理图

在化霜时,按下化霜温度控制器按钮,使触点 C 与 B 接通,此时压缩机的电动机断电停止运转,制冷系统停止工作,而化霜加热器通电进行加热化霜。化霜完毕后,化霜温度控制器触点自动复位,C、B 断开,C、A 接通,化霜加热器断电,压缩机的电动机通电而重新启动运转,制冷系统又重新工作开始制冷。与化霜加热器串联的温度熔体是化霜加热保护元件。

7.4.3 间冷式电冰箱的电气控制电路

1. 机械控制间冷式电冰箱

间冷式电冰箱是靠对箱内空气对流进行冷却的,采用了全自动化霜方式,在电气控制系统中设有风扇控制及化霜控制电路。典型的机械控制间冷式电冰箱控制电路如图 7.4.6 所示。

(1) 电路组成

由图 7.4.6 可以看出电路由以下几部分组成:

① 由压缩机的电动机、重锤式启动继电器、热继电器(过载保护器)构成的启动保护电路。

② 由化霜定时器、双金属化霜温控器、除霜加热器、温度保护器构成的全自动化霜控制电路。

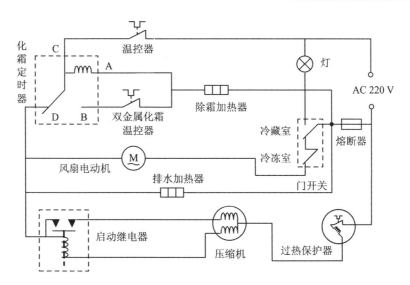

图 7.4.6　间冷式电冰箱控制电路

③ 由温控器组成的冷冻室温度控制电路。

④ 由排水加热器构成的加热防冻电路。

⑤ 由风扇电动机、照明灯和开关组成的通风和照明电路。

（2）工作过程

其工作过程简述如下：

接通电源后，由于化霜定时器的C、D触点是接通的，则压缩机的电动机通电启动运转，进行制冷。虽然化霜定时器的时钟电动机、除霜加热器、排水加热器和温度熔断器也同时接入电源，但由于时钟电动机内阻大于除霜加热的电阻，因此除霜加热器不工作，而排水加热器处于加热状态。

化霜定时器的时钟电动机与压缩机的电动机并联，同步运转。当压缩机累计运行8小时时，化霜定时器的触点C、D断开，压缩机的电动机和风扇电动机停止运转；而化霜定时器的C、B触点接通，此时化霜温控器的触点也处于接通状态，则化霜的时钟电动机短路，使除霜加热器通电加热，开始加热化霜。当蒸发器表面的霜全部融化，并达到一定的温度后（13℃±3℃），此时化霜温控器的双金属片受热变形，触点断开，将化霜定时器的时钟电动机重新接入电路。化霜定时器恢复运转 2 min 后，C、D 触点重新接通，而 C、B 触点断开，压缩机电动机又重新运转，开始制冷。当蒸发器的表面温度降到－5.5℃左右时，化霜温控器的触点复位闭合，为下次化霜做好准备。温度熔断器是用来防止化霜温控器失灵不能断开加热器而设置的，当温度＞70℃时，温度熔断器熔断，断开除霜加热器电路。

风扇电动机经门控开关与压缩机的电动机并联，为了防止开门时损失过多的"冷气"，冷藏室采用双向门控开关。当冷藏室开门时，风扇停转。而照明灯接通，便于存取食物；冷藏室关门时，照明灯熄灭，而风扇电动机接通。冷冻室采用普通门控开关，当冷冻室开门时，风扇电动机停转，关门时又将风扇电动机接通。只有在冷冻室和冷藏室的箱门都关闭时,风扇才开始运转。

此外还有电子温控电路,其利用温度传感器将温度变化转换成电压变化,经放大后带动控制压缩机的电动机开停继电器从而对压缩机进行控制,进而完成对电冰箱的温度控制。

2. 微电脑控制间冷式电冰箱

微电脑控制间冷式电冰箱又称作微电脑电冰箱,核心器件是微处理器。它不断地自动检测各室内的温度变化情况及用户设置的信息,指挥着电冰箱压缩机的运行和继电器的通断,同时控制显示板显示当前各室的实际温度(或设定温度)、控制系统是否存在故障等信息。

(1) 微电脑式电冰箱控制原理框图

微电脑式电冰箱的电气控制原理框图如图 7.4.7 所示。微处理器(CPU)由电源提供电压;由输出接口及其驱动电路控制压缩机、继电器等部件的工作;由检测接口电路(传感器)监测箱内温度及其他情况,并由显示接口控制显示器件显示相应的信息;按键接口电路检测用户输入信息。

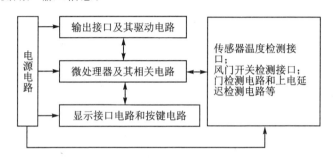

图 7.4.7 微电脑式电冰箱的控制原理框图

(2) 微电脑式电冰箱控制原理

图 7.4.8 为春兰 BCD-230WA 间冷无霜式微电脑式电冰箱电气控制原理图,冷冻室的温度由温度传感器感知并传送给微处理器,并与用户设置温度进行比较来决定压缩机和风扇的工作情况。冷藏室的温度是通过机械式风门温度调节器的感温管,控制风门的开启度,从而控制进入冷藏室内的冷气量,最终控制冷藏室的温度。化霜方式为强制式,采用石英管加热进行化霜。

1) 微处理器电路

微处理器(CPU)是整个控制板的核心,既要控制压缩机、化霜、显示器的工作,同时还要监控冷冻、冷藏室的温度。图中采用的 CPU 的型号为 TMP87C408N,其引脚功能如表 7.4.1 所列。

CPU 要正常工作必须满足+5 V 电源、复位、时钟振荡正常。

+5 V 电源:交流 220 V 电压通过 T1 变压器降压后,经 VD_1、VD_4 整流,C_2、C_3 滤波后,再经 IC_2(7812)稳压后输出+12 V 电压作为放大器电源使用;然后,再通过 IC_3(7805)稳压后输出+5 V 电压,加到 CPU 的 28 脚为 CPU 供电。

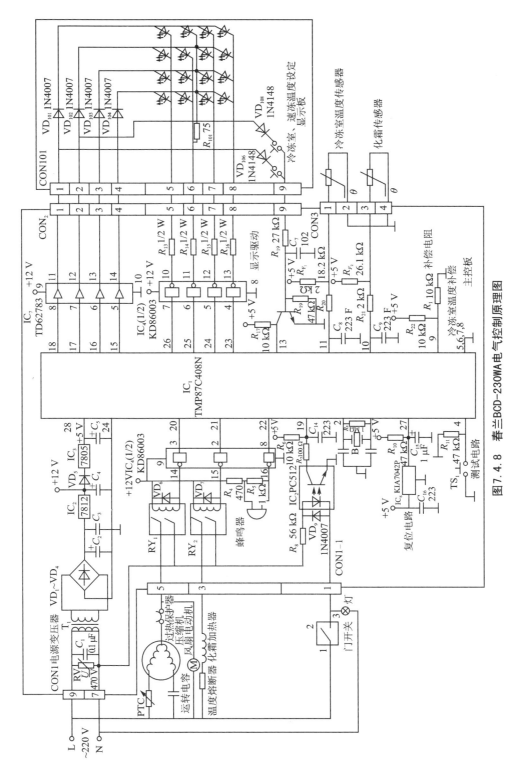

图7.4.8　春兰BCD-230WA电气控制原理图

表 7.4.1　TMP87C408N 引脚功能

引　脚	功　能	引　脚	功　能	引　脚	功　能
1	时钟振荡	11	冷冻室温度检测	21	化霜控制
2	时钟振荡	12	+5 V 电源	22	蜂鸣器控制
3	测试(出厂时接地)	13	键盘指令输入	23	键盘和显示器控制
4	测试开关	14	地	24	键盘和显示器控制
5	地	15	键盘和显示器控制	25	键盘和显示器控制
6	地	16	键盘和显示器控制	26	键盘和显示器控制
7	地	17	键盘和显示器控制	27	复位
8	地	18	键盘和显示器控制	28	+5 V 电源
9	冷冻温度补偿	19	制冷与化霜检测		
10	化霜检测	20	压缩机工作控制		

复位电路:电冰箱通电后,由 IC_6(KIA7042P)产生一个低电平的复位信号,加到 CPU 的 27 脚,使芯片内部电路恢复至初始状态。

时钟振荡:CPU 的 1、2 脚与外部晶振 B1 构成时钟振荡电路,产生的振荡信号作为 CPU 的时钟信号。

2) 制冷电路

CPU 工作后,由 20 脚输出开机指令,经 IC_4 放大后由 14 脚输出,控制继电器 RY_1 吸合,从而接通压缩机和风扇电机电路,压缩机和风扇同时运转,进行制冷和散冷。同时,冷冻室温度传感器检测的冷冻室的温度信息传至 CPU 的 11 脚,如达到设置温度,则 CPU 的 20 脚输出停机指令,压缩机和风扇均停转,制冷终止。

3) 化霜电路

压缩机累计运行 8 h,从 CPU 的 21 脚输出化霜指令,经 IC_4 放大后由 15 脚输出,控制继电器 RY_2 吸合,化霜电路接通,化霜加热器发热,电冰箱开始化霜。同时,CPU 通过 10 脚的电压变化不断检测化霜情况。当 CPU 检测到化霜传感器的温度升至 13℃时,CPU 的 21 脚便输出终止化霜指令,化霜过程结束。7 min 后,又由 CPU 的 20 脚输出制冷指令,压缩机和风扇又开始工作,进行制冷。

4) 显示器和键盘电路

显示器由许多发光二极管有序排列组成数码,每一组二极管代表数码的一个笔画。从 CPU 的 15～18 脚输出控制信号经 IC_7 放大后为显示矩阵电路提供行的驱动;从 CPU 的 23～26 脚输出控制信号经 IC_4 放大后为显示矩阵电路提供列的驱动。

冷冻室温度调节或速冻按钮被按下时,经 CPU 判断识别后输出相应控制信号。同时,由显示器显示相应的工作状态。

5) 蜂鸣器和门警示电路

蜂鸣器接于 CPU 的 22 脚。CPU 的 19 脚为冷藏室门警示控制端。当冷藏室门被打开时,因门开关闭合而接通光电耦合输入端电路,其输出端便有脉冲信号输入到 CPU 的 19 脚。如冷藏室门打开时间超过 10 s,则 CPU 的 22 脚便输出蜂鸣信号,蜂鸣发声,提醒使用者及时关闭冷藏室门。

7.5 电冰箱的常见故障与检修

7.5.1 制冷维修工具和材料

在修理制冷器具时,除了一整套常用工具外,还需要一些专用工具和材料。

常用的修理工具有活动扳手、套筒扳手、钢丝钳、尖嘴钳、扁嘴钳、电工钳,各种规格的螺丝刀、钢锯、锉刀、台钳、三角刮刀、铁锤、橡皮锤、木锤、剪刀、万用表、钳形交流电流表、兆欧表、电钻及各种规格钻头、酒精温度计、绕线机、磅秤、电烙铁、试电笔等。

修理制冷器具的专用工具有气焊设备、电焊设备、真空泵、真空压力表、卤素检漏灯、制冷剂定量加液器、氟利昂钢瓶、氮气钢瓶、割管器、弯管器、棘轮扳手、修理阀、管路的接头和接头螺母、灌气工具等。

1. 割管器

割管器又称为割刀,是一种专门切断紫铜管、铝管等的工具,如图 7.5.1 所示。直径 4~12 mm 的紫铜管不允许用钢锯锯断,必须使用割管器切断。

割管器使用方法:将铜管放置在滚轮与割轮之间,铜管的侧壁贴紧两个滚轮的中间位置,割轮的切口与铜管垂直夹紧。然后转动调整转柄,使割刀的刀刃切入铜管管壁,随即均匀地将割刀整体环绕铜管旋转。旋转一圈再拧动调整转柄,使割刀进一步切入铜管,每次进刀量不宜过多,只需要拧进 1/4 圈即可,然后继续转动割刀。此后边拧边转,直至将铜管切断。切断后的铜管口要整齐光滑,适宜扩张管口。

2. 胀管器

胀管器又称扩管器,主要用来制作铜管的喇叭口和圆柱形口,如图 7.5.2 所示。喇叭口形状的管口用于螺纹接头或不适于对插接口时的连接,目的是保证对接口部位的密封性和强度。圆柱形口则在两个铜管连接时,一个管插入另一个管的管径内使用。

图 7.5.1 割管器

图 7.5.2 胀管器

胀管器的夹具分成对称的两半,夹具一端使用销子连接,另一端用紧固螺母和螺栓紧固。两半对合后形成的孔按不同的管径制成螺纹状,目的是便于更紧地夹住铜管。孔的上口制成60°的倒角,以利于扩出适宜的喇叭口。

胀管器使用方法:扩管时首先将铜管扩口退火并用锉刀锉修平整,然后把铜管放置于相应管径的夹具孔中,拧紧夹具上的紧固螺母,将铜管牢牢夹死。

扩喇叭形口时,管口必须高于胀管器的表面,其高度大约与孔倒角的斜边相同,然后将胀管锥头固定在螺杆上,连同弓形架一起固定在夹具的两侧。胀管锥头顶住管口后再均匀缓慢地旋紧螺杆,锥头也随之顶进管口内。此时应注意旋进螺杆时不要过分用力,以免顶裂铜管,一般每旋进3/4圈后再倒旋1/4圈,这样反复进行直至扩制成形。最后扩成的喇叭口要圆正、光滑、没有裂纹。

扩制圆柱形口时,夹具仍必须牢牢地夹紧铜管,否则扩制扩口时铜管容易后移而变位,造成圆柱形口的深度不够。管口露出夹具表面的高度应略大于胀头的深度。胀管器配套的系列胀头对于不同管径的胀口深度及间隙都已制成形,一般小于10 mm 管径的伸入长度为6~10 mm,间隙为0.06~0.1 mm。扩管时只须将与管径相应的胀头固定在螺杆上,然后固定好弓形架,缓慢地旋进螺杆。具体操作方法与扩喇叭形口时相同。

3. 弯管器

弯管器是专门弯曲铜管的工具,如图7.5.3所示。在使用中,不同的管径要采用不同的弯管规格模子,而且管子上的弯曲半径应大于或等于管径5倍($R \geqslant 5D$)。对于弯好的管子,在其弯曲部位的管壁上不应有凹瘪现象。

弯管时,应先把需要弯管的管子退火,再放入弯管器,然后将搭扣扣住管子,慢慢旋转杆柄使管子弯曲。当管子弯曲到所需角度后,再将弯曲管退出管模具。直径小于8 mm的铜管可用弹簧弯管器。弯管时,把铜管套入弹簧弯管器内,可把铜管弯曲成任意形状。

4. 封口钳

封口钳主要是在电冰箱、空调器等修理测试符合要求后封闭修理管口时使用,如图7.5.4所示。实际操作中首先要根据管壁的厚度调整钳柄尾部的螺钉,使钳口的间隙小于铜管壁厚的两倍,过大时封闭不严,过小时易将铜管夹断。调整适宜后将铜管夹于钳口的中间,合掌用力紧握封口钳的两个手柄,钳口便把铜管夹扁,而铜管的内孔也随即被侧壁挤死,起到封闭的作用。封口后拨动开启手柄,在开启弹簧的作用下,钳口自动打开。

图7.5.3　弯管器

图7.5.4　封口钳

5. 真空压力表

真空压力表是制冷设备维修工作中不可缺少的测量仪表,它既可测量制冷系统中的压力,又可测量抽真空时真空度的大小。图 7.5.5 是某空调低压压力表,表盘上从外向里第一圈刻度是压力数,单位是 MPa(兆帕)。1 MPa(国际压力单位)＝10.2 kg/cm^2 (公制压力单位)＝145 psi(英制压力单位,磅/英尺平方)＝10 bar。一个表压即一个大气压＝0.1 MPa＝29.9 in－Hg(英寸汞柱压力)。高压压力表还设有另一根单位压力线,0 以下单位为 in－Hg,0 以上单位为 psi。

内圈是各种不同冷媒在不同压力下的蒸发温度。例如,图 7.5.5 中最内圈是 R404A 冷媒,在压力约为 0.01 MP 时,蒸发温度约为－45℃。如果是 R22 制冷剂,当空调机运转时,低压压力约为 0.5 MPa;高压压力在 1.3～1.5 MPa。过低或过高的压力都可能导致制冷系统工作不正常。

6. 真空泵

真空泵是抽取制冷系统内的气体以获得真空的专用设备,如图 7.5.6 所示。检修制冷设备时常用的真空泵为旋片式结构,工作原理是利用镶有两块滑动旋片的转子,偏心地装在定子腔内,旋片分割了进、排气口。旋片在弹簧的作用下,时时与定子腔壁紧密接触,从而把定子腔分割成了两个室。偏心转子在电动机的带动下,带动旋片在定子腔内旋转,使进气口方面的腔室逐渐扩大容积,吸入气体;另外对已吸入的气体压缩,由排气口阀排出,从而达到抽除气体获得真空的目的。

图 7.5.5　某空调低压压力表

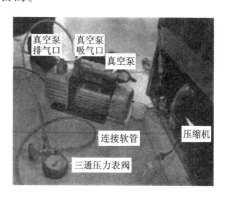

图 7.5.6　真空泵

启动真空泵时,观察泵的电动机旋转方向是否与电动机上箭头方向一致。停止抽真空时要首先关闭直通阀开关,使制冷系统与真空泵分离。

7. 卤素检漏灯

卤素检漏灯是一种传统的氟利昂制冷剂检测设备,实质上是一只以酒精为燃料的喷灯,靠鉴别其火焰的颜色来判别泄漏量的大小。图 7.5.7 是卤素检漏灯的结构简图。

卤素检漏灯的工作原理是:氟利昂气体与喷灯火焰接触即分解成氟、氯(卤素)气体,氯气与灯内炽热的铜接触,生成氯化铜,火焰颜色即变为绿色或紫绿色。氟利昂泄漏量越大,火焰颜色越深。泄漏量从微漏至严重泄漏时,火焰颜色相应变化为微绿色→浅绿色→深绿色→紫绿色。

氟利昂与火焰接触分解出的气体有毒性,所以在严重泄漏的场合,不宜长时间使用卤素检漏灯。卤素检漏灯的灵敏度较低,不能查出年泄漏量 300 g 以下的制冷剂泄漏,所以很少在空调器检修中使用。

8. 电子卤素检漏仪

电子卤素检漏仪是一种精密的检漏仪器,用于检查制冷剂的泄漏,灵敏度可达年泄漏量 5 g 以下。修理员上门服务常用的 HAL - 7 型袖珍式检漏仪,外形如图 7.5.8 所示,其小巧轻便。

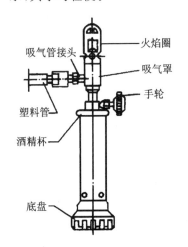

图 7.5.7　卤素检漏灯

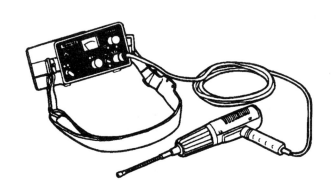

图 7.5.8　电子卤素检漏仪

电子卤素检漏仪的检测探头内有一个以铂丝为阴极、铂罩为阳极构成的电场。铂丝通电后达到炽热状态,发射出电子和正离子,仪器探头(吸管)借助微型风扇的作用吸进被测处的空气。吸进的空气通过电场时,如果空气中含有制冷剂中泄漏的卤素成分,则与炽热的铂丝接触即分解成卤化气体。铂丝阴极受到卤素气体作用,离子放射量就会迅速增加,所形成的离子流随着吸入空气中卤素的多少呈正比例增减,因此可根据离子电流的变化来确定泄漏量的大小。离子电流经过放大并通过仪表显示出量值,同时可有音响信号发出。

由于卤素检漏仪的灵敏度很高,所以不能在有卤素或其他烟雾污染的环境中使用。卤素检漏仪的灵敏度一般是可调的,由粗查到精测分为几个挡位。在有污染的环境中检漏时,可选择适当的挡位进行。在使用过程中严防大量的 R22(或 R12)制冷剂吸入检漏仪,以免过量卤素污染电极,使灵敏度大为降低。检测过程中,探头与被测部位之间的距离应保持在 3～5 mm 之间,探头移动速度应不高于 50 mm/s。

9. 气焊设备

传统的气焊设备使用氧气和乙炔气混合,点燃后产生高温火焰。近来乙炔气很少有人再用,几乎被容易得到的液化石油气(或煤气、天然气)取代,采用氧气助燃液化气焊机进行制冷管路的焊接。气焊设备主要由气瓶、连接软管与焊枪 3 个部分组成,如图 7.5.9 所示。由于气瓶中压力过大,需要用减压阀调节气瓶排气口的压力。有的厂家还生产使用更简便的空气助燃液化气焊具,不再使用氧气瓶,在小型管路焊接中使用效果也不错。

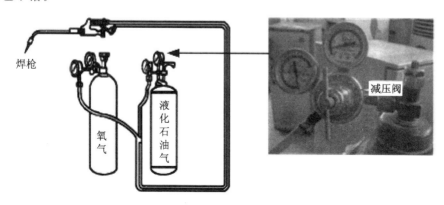

焊枪

氧气

液化石油气

减压阀

图 7.5.9　常用的气焊设备

7.5.2　气焊的基本知识及操作

气焊是一项专门技术。在制冷设备的维修中,涉及铜管与铜管、铜管与钢管、钢管与钢管的焊接都要应用气焊。所谓"气焊",是利用可以燃烧的气体和助燃气体混合点燃后产生的高温火焰,加热熔化两个被焊接件的连接处,并用填充材料,将两个分离的焊件连接起来,使它们达到原子间的结合,冷凝后形成一个整体的过程。

在气焊中,一般用乙炔或液化石油气作为可燃气体,用氧气作为助燃气体,并使两种气体在焊枪中按一定的比例混合燃烧,形成高温火焰。焊接时,如果改变混合气体中氧气和可燃气体的比例,则火焰的形状、性质和温度也随之改变。焊接火焰选用及调整正确与否,直接影响焊接质量。在气焊中,要根据制冷管道的材料和维修目的,选择不同的火焰。

1. 焊接火焰的种类

通常根据可燃气体和助燃气体进入焊炬的比例,火焰可分为 3 种类型:

① 碳化焰:当可燃气体的含量超过氧气时,火焰燃烧后的气体中尚有部分可燃气体未燃烧,此时喷出的火焰为碳化焰。它明显分为 3 部分,即焰心(呈白色)、内焰(淡白色)、外焰(橙黄色)。该种火焰苗长而柔软,外形如图 7.5.10(a)所示,其温度为 2 500 ℃,适用于焊接直径稍小的铜管或钢管。

② 中性焰:中性焰的氧气和可燃气体大约以(1～1.2):1 的比例混合而成,外形如图 7.5.10(b)所示。它也分为 3 层。其中,焰心呈尖锥形,发出耀眼的白光;内焰为蓝白色,呈杏核形,距焰心锥形头部 2～4 mm 处是内燃温度最高的部位,也是整个中性

焰温度最高处,约为 2 700℃;外焰由里向外逐渐由淡紫色变为橙黄色。由于中性焰中可燃气体可以得到充分燃烧,所以火焰 3 层轮廓分明,适宜于铜管之间或钢管之间的焊接。

③ 氧化焰:在中性焰的基础之上,再增大氧气比例就会形成氧化焰,如图 7.5.10 (c)所示。此种火焰只有两层,焰心短而尖,呈青白色,外焰也较短,略带紫色,火焰挺直并发出剧烈的噪声。氧化焰的温度最高,大约为 2 900℃。由于氧化焰的氧气比例大,因此,氧化性很强。用它来焊接,可能会造成焊件的烧损,使焊缝产生气孔和夹渣,影响焊接质量,所以不宜用该种火焰接制冷管路。

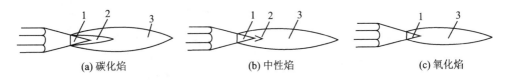

(a) 碳化焰   (b) 中性焰   (c) 氧化焰

注:1—焰心;2—内焰;3—外焰

图 7.5.10　火焰种类

2. 焊接火焰的要求

① 火焰要有足够高的温度。

② 火焰体积要小,焰心要直,热量要集中。

③ 火焰应具有还原性质,不仅不使液体金属氧化,而且对熔池中的某些金属氧化物及熔渣起还原作用。

④ 火焰不应使焊缝金属增碳和吸氧。

3. 焊接的操作方法

(1) 焊接前的准备工作

① 检查高压气体钢瓶:气瓶的喷口不得朝向人的身体,连接胶管不得有损伤,减压器周围不能有污垢、油垢。

② 检查焊枪火嘴前部是否有弯曲和堵塞,气管口是否被堵住,有无油污。

③ 调节氧气减压器,控制低压出口压力为 0.15~0.20 MPa。

④ 调节乙炔气钢瓶出口压力为 0.01~0.02 MPa。如使用液化石油气气体则无须调节减压器,只须稍稍拧开瓶阀即可。

⑤ 被焊工件要修整完好,摆放位置正确,工件焊接处清洁干净。焊接管路一般采用平放并稍有倾斜的位置,并将扩管的管口稍向下倾,以免焊接时融化的焊料进入管道造成堵塞。

⑥ 准备好所要使用的焊料、焊剂。

(2) 调整焊枪(焊枪也称焊炬)的火焰

通过焊枪的两个针阀来调整焊枪的火焰。调整火焰时,首先关闭焊炬的氧气和乙炔调节阀,打开乙炔瓶阀,开启氧气瓶瓶阀,并分别调整减压阀手柄,使工作压力指示在

0.15～0.20 MPa。然后,微开焊枪的氧气阀,再稍微打开乙炔阀,点燃火焰后再去调整两个调节阀的开启比例。调整时,略增加氧气含量,再加大乙炔含量,使之调整为碳化焰,然后增大氧气供应量,逐步调整为中性焰;若以液化石油气为可燃气体,可适当增大氧气含量。一般认为中性焰是气焊的最佳火焰,几乎所有的焊接都可使用中性焰。

调节的过程如下:由大至小,中性焰(大)→减少氧气→出现羽状焰→减少乙炔→调为中性焰(小);由小至大,中性焰(小)→加乙炔→羽状焰变大→加氧气→调为中性焰(大)。调节的具体方法应在焊接时灵活掌握,逐渐摸索。

(3) 焊接

首先要对被焊接管道进行预热,预热时焊枪火焰焰心的尖端离工件 2～3 mm,且垂直于管道,这时的温度最高。加热时要对准管道焊接的结合部位全长均匀加热。加热时间不宜太长,以免结合部位氧化。加热的同时在焊接处涂上焊剂,当管道(铜管)的颜色呈暗红色时,焊剂被熔化成透明液体,均匀润湿在焊接处,立即将涂上焊剂的焊料放在焊接处继续加热,直至焊料充分熔化,流向两管间隙处,并牢固地附着在管道上时,移去火焰,焊接完毕。然后先关闭焊枪的氧气调节阀,再关闭乙炔气调节阀。要特别注意,在焊接毛细管与干燥过滤器的接口时,预热时间不能过长,焊接时间越短越好,以防毛细管加热过度而熔化。

(4) 焊接后的清洁与检查

在焊接时,焊料没有完全凝固,绝对不可使铜管动摇或振动,否则焊接部位会产生裂缝,使管路泄漏。焊接后必须将焊口残留的焊剂、焊渣清理干净。焊口表面应整齐、美观、圆滑,无凸凹不平,无气泡和加渣现象。最关键的是不能有任何泄漏,这需要通过试压检漏去判别。

7.5.3　制冷系统的维修

制冷系统的检修是项细致的工作。如果在清洗、吹污、检漏、抽真空、充气等工作中粗心大意,会使整个修理工作以失败告终。

1. 制冷系统的清洗

制冷系统的污染主要是压缩机的电动机绝缘被击穿、匝间短路或绕组被烧损时产生的大量酸性氧化物,因此,除了要更换压缩机、干燥过滤器外,还要对整个制冷系统进行彻底的清洗。对于较轻度的污染,可用制冷剂氟利昂 R12 压力气体吹洗蒸发器和冷凝器,吹洗时间在 30 s 以上。对于较严重的污染,要采用交换的清洗方法,即先用专用清洗剂 R113 对蒸发器、冷凝器、毛细管进行清洗,然后再用氮气或氟利昂气体吹洗。有时需要反复多次。

小型空调器的全封闭式制冷系统的清洗方法与电冰箱的大同小异,空调器的制冷剂为氟利昂 R22,清洗剂用 R113。另外,应定期对冷凝器、蒸发器的表面进行清洗,即用毛刷蘸温水清洗。

2．制冷系统的吹污

制冷装置安装后，其制冷系统内可能会残存焊渣、铁锈及氧化物等，这些杂质污物残存在制冷系统内，与运转部件相接触会造成部件的磨损，有时会在膨胀阀、毛细管或过滤器等处发生堵塞(脏堵)。污物与制冷剂、冷冻油发生化学反应，还会导致腐蚀。因此，制冷系统必须进行吹污处理。

吹污即用压缩空气或氮气(也可用制冷剂)对制冷系统的内部进行吹除，以使之清洁畅通。制冷装置的外部吹污用压缩空气进行吹除，但是翅片和盘管上的油污则必须用中性洗涤液方可洗去。内部管网部件的吹污最好分段进行，先吹高压系统，再吹低压系统。排污口应选择在各段的最低位置。为保证制冷系统吹污后的清洁与干燥，必须安装新的干燥过滤器，以便滤污和吸潮。

3．制冷系统的检漏

制冷系统容易发生泄漏的部位有蒸发器的各焊接部位、各管路和部件的连接处、压缩机壳的焊缝等。常见的检漏方法有：

① 目测检漏。用目测检漏法检查时发现压缩机底座及个别管道有油污，即可判断制冷系统有泄漏。在查找是否有油污时，重点检查各管路的焊口、焊缝及压缩机机壳的焊缝。

② 压力检漏。压力检漏就是对整个系统充注一定压力的气体，最好是氮气，观察压力表的压力是否随时间而下降，若压力表上的压力降低，说明制冷系统有漏缝和漏孔。电冰箱制冷系统压力检漏方法的示意图如图 7.5.11 所示。

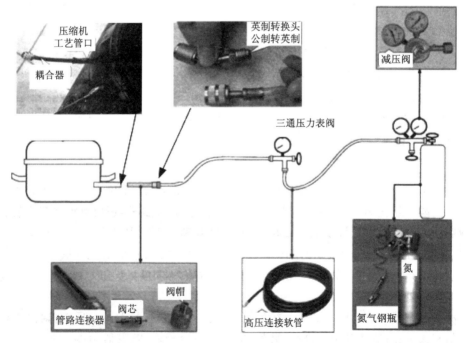

图 7.5.11 压力检漏方法示意图

电冰箱压缩机的工艺管口需焊接管路连接器后才可与连接软管进行连接,而管路连接器接头为英制接头,若检修过程中手头只有公制连接软管,则无法进行连接;此时可用转接头(英制转公制转接头)进行转接后,再连接。

　　打开氮气钢瓶上的阀门,使压力表稳定在 0.8 MPa 左右,然后关闭三通修理阀门和钢瓶阀门,如果压力下降,说明制冷系统有泄漏部位存在。这时可用毛笔蘸一点浓度的肥皂水(或洗洁精与水按 1:5 比例调制的泡沫)涂在有焊口和怀疑有泄漏的地方,如发现有冒泡就是泄漏的标志。

　　③ 卤素灯和电子卤素检漏仪检漏。操作方法如下:先向制冷系统充入表压为 50 kPa 左右的氟利昂 R12 制冷剂蒸气,再充入氮气或压缩空气,升压到表压为 1 000 kPa,然后用卤素灯和电子卤素检漏仪检漏。

　　④ 浸水检漏。浸水检漏是一种最简单而且应用最广泛的方法,常用于压缩机、蒸发器、冷凝器等零部件的检漏。操作方法是:检漏时,先将被检部件内充入一定压力的干燥空气或氮气,压力适中,然后将部件浸入水中观察 1 min 以上,当目视无任何气泡出现,即为合格。注意,操作时应保持水的洁净。

4. 制冷系统抽真空

　　制冷系统经过压力检漏合格后,放出试压气体,立即进行抽真空处理。抽真空的目的有 3 个:一是排除制冷系统中残留的试压气体氮气;二是排除制冷系统中的水分,从而有效地避免冰堵的发生;三是进一步检查制冷系统有无泄漏,即制冷系统在真空条件下的密封性能,外界气体是否会进入制冷系统中。一般抽真空的方法有 3 种:

　　① 低压单侧抽真空。低压单侧抽真空是利用压缩机壳上的加液工艺管进行的。操作比较简单,且焊接口少,泄漏机会也相应少,低压单侧抽真空的方法如图 7.5.12 所

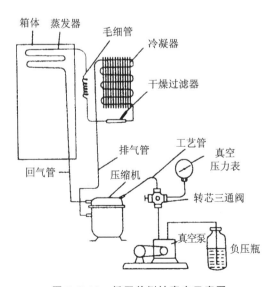

图 7.5.12　低压单侧抽真空示意图

示。按图示连接好系统后启动真空泵,把转芯三通阀逆时针方向全部旋开,抽真空 2~3 h(具体看真空泵抽真空的能力)。当真空压力表的指示约为 -0.1 MPa 时,油杯瓶内的润滑油 5 min 以上不翻泡,说明真空度已达到,可关闭转芯三通阀,停止抽真空。

② 高、低压双侧抽真空。高低压双侧抽真空是指在干燥过滤器的进口处另设一根工艺管,与压缩机壳上的工艺管并联在一台真空泵上,同时进行抽真空。这种抽真空方法克服了低压单侧抽真空方法中毛细管流动阻力对高压侧真空度的不利影响,但是要增加两个焊口,工艺上就稍有些复杂。高低压双侧抽真空对制冷系统性能有利,且可适当缩短抽真空时间,在实际的维修工作中已广泛使用。

③ 二次抽真空。二次抽真空是指将制冷系统抽真空达到一定真空度后,充入少量的制冷剂,使制冷系统的压力恢复到大气压力。这时,制冷系统内已含有制冷剂与空气的混合气体,第二次抽真空后便达到了减少制冷系统内残留空气的目的。

在上门修理电冰箱时,如果没有携带真空泵,可利用多次充放制冷剂的方法来驱除制冷系统中的残留空气,以达到抽真空的目的。具体操作如下:每次充制冷剂的压力为 50 kPa,静止 5 min 后将制冷剂放出,压力回到 0 kPa,再充制冷剂,重复 4 次便可达到抽真空的目的。充、放 4 次,制冷剂的消耗量共约 100 g。

5. 制冷系统的制冷剂充注及封口

制冷系统经过检漏、抽真空后就可以进行充注制冷剂的工作了。在制冷器具的铭牌上或说明书上,一般都标有加注量。充注时要按原标定值进行充注,不可随便改变充注量(在充注量标定值 ±5% 范围)。步骤如下:

① 抽真空充注制冷剂的操作,如图 7.5.13 所示,将转芯三通阀的对应接口分别与压缩机充注制冷剂的工艺管、充注器和真空泵的管路接上。在拧紧管路的接头前,从充注器放出微量制冷剂,将连接管路中的空气驱逐出后再拧紧。

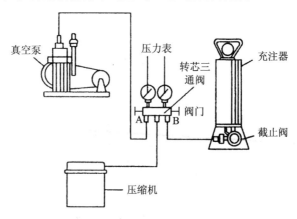

图 7.5.13　抽真空充注制冷剂的操作图

② 打开真空泵的转芯三通阀 A,关闭通往充注器的转芯三通阀 B,启动真空泵,抽真空 2~3 h,当真空泵压力表指示约 -0.1 MPa 以后,停止真空泵工作。

③ 关闭通往真空泵的转芯三通阀 A,开启通往充注器的转芯三通阀 B 和截止阀,然后启动压缩机,将制冷剂充入制冷系统。充注过程中,注意仔细观察充注器的液位变化。当达到规定的充注量时,迅速关闭截止阀。

④ 制冷系统运行 30 min 后,倾听制冷系统有无流水声,查看蒸发器结霜情况,确认性能合格即可进行封口焊接。制冷系统的封口应在压缩机运转时进行,因为这时压力低,容易封口。在距离压缩机工艺管口 20 cm 处,用封口钳夹扁工艺管。为保险起见,可以同时夹扁两处,然后在外端切断工艺管,切断处用沙布打磨干净,用铜焊、银焊或锡焊封口,然后把封口浸在水中,无气泡即可。

6. 制冷系统管路连接

电冰箱、空调器的全封闭系统是由压缩机、冷凝器、干燥过滤器、毛细管、蒸发器和吸气管、排气管及连接管连接而成。管路连接有气焊焊接、螺纹连接、快速接头连接 3 种形式。

图 7.5.14 为焊接前工作图。图 7.5.15 为焊接中工作图。图 7.5.16 为焊接后的铜管图。

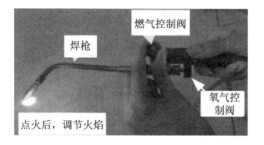

图 7.5.14　焊接前工作图

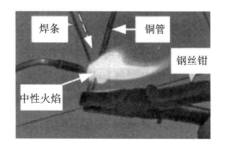

图 7.5.15　焊接中工作图

① 气焊焊接。气焊焊接在前面已经详细介绍过,这里不再重复。

② 螺纹连接。在可拆装的制冷系统中,接头部位或与阀件常采用螺纹连接,螺纹连接有两种形式,即全接头连接和半接头连接,多采用半接头连接,即铜管一端用螺纹连接,铜管另一端与接头焊接。螺纹连接一端用的紫铜管上制作喇叭口扩口,以便与另一端密贴紧固。图 7.5.17 为螺纹连接示意图。

图 7.5.16 焊接后的铜管图

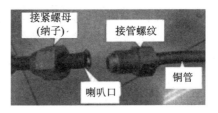

图 7.5.17 螺纹连接示意图

③ 快速接头连接。在分体式空调器的室内、外机组制冷管道连接中常采用快速接头连接,常用的快速接头有一次性刃具接头、多次密封弹簧接头和喇叭口接头。

无论采用哪种快速接头,连接前都必须保持清洁干燥,不可有油污和水分。连接时要将两个接头同心对准,不可偏斜,并采用扳手紧固(最好用扭力扳手)。操作要精心快速,时间一般不超过 5 min。

7.5.4 电冰箱常见故障分析

电冰箱故障在哪一部位通常采用看、听、摸、测的方法检查并逐步缩小其范围,经比较准确判断后,才能动手修理。

1. 检查电冰箱故障的方法

1)看

首先要检查外观是否有碰伤、损坏,尤其要仔细检查管路的焊接处是否有渗漏的油迹。通电后检查箱内照明灯是否关闭正常,蒸发器器壁表面结霜是否均匀(无霜冰箱除外)。

2)听

听压缩机的运转情况,正常运转时应能听到压缩机转动轻微的"嗞嗞"声。若压缩机发出异常噪声,则属于不正常现象。将头靠近蒸发器,应能听到"嘶嘶"的气流声,若听不到气流声,则说明电冰箱有故障。听启动器与热保护继电器有无异常响声。

3)摸

在压缩机正常运转几分钟以后,用手摸冷凝器的高压管,注意是否感觉到温度很快升高,接着冷凝器的温度也随之升高(比环境温度一般高 15℃左右),并且上热下温。干燥过滤器表面的温度应接近环境温度或手感微温。约 30 min 后,手摸蒸发器的器壁应有冰手的感觉,用湿手触摸蒸发器表面应有粘手感觉。

4)测

可通过测量电冰箱的温度、压力、运转电流以及压缩机的直流电阻和绝缘电阻等,对电冰箱进行检查。

通过看、听、摸、测发现的异常现象,经过分析即可判断出故障的部位。

2. 电冰箱常见故障与检修

电冰箱的常见故障与检修如表 7.5.1 所列。

表 7.5.1 电冰箱的常见故障与检修

故障现象	故障原因	排除方法
压缩机不能启动	1. 电源插头、插座接触不良或断线 2. 启动继电器线圈烧毁或接触不良 3. 过载保护器触点未闭合或电热丝烧毁 4. 温控器触点接触不良或感温剂泄漏、温度传感器失效 5. 启动电容器短路或断路 6. 检修时箱内线接错 7. 压缩机电动机故障	1. 检查并重新插牢,电源线断线应更换 2. 维修或更换 3. 调整触点,电热丝烧断一般宜更换过载保护器 4. 调整触点,无法修复则更换温控器或温度传感器 5. 更换电容器 6. 检查并重新接线 7. 剖壳维修或更换压缩机
压缩机能启动,但过载保护器不断跳开而无法运转	1. 电源电压过低 2. 启动继电器触头粘连或性能变差 3. 过载保护器性能变差 4. 压缩机电动机绕组局部短路或碰壳	1. 暂停使用或设稳压器 2. 检查或更换启动继电器 3. 调整或更换 4. 维修或更换压缩机
电冰箱温度正常,但启动频繁	1. 温度控制器感温管与蒸发器感温管直接接触 2. 温度控制器控温温差太小 3. 热保护器中电热丝距双金属片太近	1. 调整感温管与蒸发器的安装间隙并加固 2. 调整温差范围或更换温控器 3. 更换热保护器
压缩机运转不停,箱内不够冷	1. 照明灯开关失灵,箱门关闭后灯不灭 2. 化霜加热器失控,一直处于加热状态或不加热状态(使蒸发器结厚冰,影响传热效率) 3. 间冷式风道上的风扇不转,使冷风不能对流,一个箱不够冷 4. 温控器损坏或省电开关未合上,冬天时箱内不够冷 5. 双制冷回路(双毛细管)的电磁换向阀故障,使一个箱不够冷	1. 查出原因并修复或更换门开关 2. 检查原因并修复 3. 检查风叶是否卡住,风扇电动机是否损坏 4. 冬天合上省电开关,维修或更换湿控器 5. 维修或更换电磁换向阀
双门电冰箱冷藏室温度偏高	1. 开门频繁,门封不严 2. 间冷电冰箱风门开度不够 3. 间冷电冰箱风扇工作不正常 4. 计时化霜损坏,或化霜电热丝烧毁或化霜保险丝断 5. 压缩机排气能力降低	1. 减少开门次数,更换门封 2. 风门温控调至冷点时,检查风门开度 3. 修复或更换风扇 4. 修复化霜装置 5. 修理或更换压缩机
冷藏室温度太低	1. 加热补偿器损坏 2. 直冷电冰箱温控器放置最冷点或在速冻挡 3. 间冷电冰箱风门温度控制在冷点 4. 风门温控器损坏 5. 风门关不上	1. 更换加热补偿器 2. 调整温控器旋钮位置 3. 调整风门温度控制位置 4. 更换风门温控器 5. 排除障碍物

续表 7.5.1

故障现象	故障原因	排除方法
冷冻、冷藏室温度均偏高	1. 间冷电冰箱翅片蒸发器被冰霜堵塞 2. 间冷电冰箱风扇电动机损坏 3. 温控器调定值偏高或损坏 4. 冷凝器灰尘过多或通风不良 5. 制冷剂减少,制冷量下降 6. 门封不严,热漏量大	1. 检查化霜电热丝、温控器和熔丝 2. 检查电动机和电源 3. 调整温控器或更换之 4. 清扫灰尘,改善冰箱放置位置 5. 检漏、抽真空、充注制冷剂 6. 整修或更换门封
制冷正常,压缩机运转不停	1. 温控器旋钮处于"不停"位置 2. 温控器感温管离开原位置 3. 温控器触点粘连 4. 电子温控器的热敏电阻变质	1. 将旋钮旋离"不停"位置 2. 将感温管复位并固定 3. 维修触点 4. 更换热敏电阻
电冰箱压缩机能运转,但打开箱门灯不亮	1. 灯泡断丝 2. 灯与灯座接触不良 3. 门开关接触不良 4. 照明线路断路	1. 更换 2. 拧紧灯泡或维修灯座 3. 维修 4. 维修
电冰箱关箱门,灯不灭	1. 门开关损坏 2. 箱门变形	1. 检修或更换 2. 修复变形处
箱体漏电	1. 温控器、灯开关、灯座受潮 2. 启动继电器、压缩机绕组碰壳 3. 导线绝缘老化或受损	1. 烘干 2. 维修,应急时可把电源插头换一边插入 3. 换线(最好是防水线)

习题 7

一、填空题

1. 直冷式电冰箱又称为_____电冰箱,其冷却方式为_____对流冷却;间冷式电冰箱又称为_____电冰箱,其冷却方式为_____对流冷却。

2. 电冰箱一般由_____、_____、_____组成。

3. 压缩式电冰箱的制冷系统主要由_____、_____、_____、_____等组成。

4. 电冰箱压缩机每一个周期的工作可分为_____、_____、_____、_____ 4 个过程。

5. 干燥过滤器的作用是滤除_____和_____。

二、选择题

1. 电冰箱制冷剂氟利昂对人类的危害为(　　)。

　A. 污染水源　　　　B. 污染土壤　　　　C. 破坏臭氧层

2. 蒸发器是一种将电冰箱内的热量传递给制冷剂的热交换器,作用是(　　　)。

    A. 放热   B. 吸热   C. 节流降压

3. 电冰箱毛细管的功能是保持蒸发器与冷凝器之间的压力差,作用是(　　　)。

    A. 放热   B. 吸热   C. 节流降压

4. 电冰箱的冷凝器又称散热器,起(　　　)。

    A. 放热作用   B. 吸热作用   C. 制冷作用

5. 3 种类型焊接火焰中的温度最高的火焰是(　　　)。

    A. 碳化焰   B. 中性焰   C. 氧化焰

第 **8** 章

家用空调器

8.1　家用空调器的功能和种类

8.1.1　家用空调器的功能

(1) 调节室内温度

一般来说,人的居住或工作环境与外界的温差在 5℃ 左右是适宜的。若温差过大,则从室内到室外时将受到"热冲击",由室外到室内将受到"冷冲击",都会使人感到不舒服。因此,国家标准规定了舒适性空调室内的温度标准,夏季保持在 24～28℃,冬季保持在 18～20℃。

(2) 调节室内湿度

在过于潮湿或过于干燥的空气中,人们会感到不舒服,适合人体需要的相对湿度在 40%～70% 的范围内。空调器的湿度调节是通过增加或减少空气中的潜热来实现的。空调器夏季能降温除湿,冬季能升温加湿。

(3) 调节室内气流速度

人处在以适当低速(约 0.5 m/s 以下)流动的空气中比在静止的空气中要感觉凉爽,处在变速的气流中比处在恒速的气流中更觉舒适。因此,空调器上设有高、中、低 3 挡风速,能将室内气流速度调至 0.15～0.3 m/s 范围内,达到人们舒适的要求。

(4) 净化室内空气

空气中一般都有悬浮状态的固体或液体微粒,它们很容易随着人们的呼吸进入气管、肺等器官和组织,这些微尘还常常带有细菌,传染各种疾病。因此,无论是室外新风还是室内循环风,都要通过空调器上的空气过滤器,将空气中的微尘过滤掉,以保证室内空气的新鲜和清洁。空调器在进风口处设置空气过滤网,作用就是达到空气过滤的目的。

(5) 定期更换室内空气

空调器为了节能运转,一般仅循环室内空气,但时间一长,室内空气的品质会下降,这时可以打开吸风门和排风门,吸入室外新鲜空气,排除室内污浊空气。

(6) 调节送风方向

空调器出风口上设有水平格栅和垂直格栅。水平格栅用来调节出风口倾角,夏天送冷风时向斜上方送出,冬季送热风时向斜下方送出。垂直格栅还能左右调节气流在室内的扩散范围。

（7）产生负离子

有些空调器上还安装了负离子发生器,使房间负离子浓度增加。负离子对人体有良好的生理作用,可降低血压、抑制哮喘,对神经有镇静作用,并能促进疲劳的消除。

（8）控制房间的温度波动

在 $15\sim30℃$ 范围内能自动调节室内温度,控温精度一般在 $\pm2℃$ 范围内。

综上所述空调器是利用空调设备对某一密闭范围（空间）的空气进行温度、湿度、洁净度和风速的调节,使空气的质量符合生活、科研和生产舒适的要求。家用空调器主要应用于各种生活场所（如卧室、厨房等）,但也有应用于实验室及小型精密加工车间和小型经营场所等。

8.1.2　家用空调器的种类

1. 按家用空调器功能分类

家用空调器按功能可分为单冷型（冷风型）、冷暖型两种。

（1）单冷型

单冷型又称冷风型,只能用于夏季室内制冷降温,不能制热,同时兼有一定的除湿功能。

（2）冷暖型

在夏季能制冷降温,在冬季又能制热取暖。冷暖型空调器按制热方式不同,又可以分为以下几种:

① 热泵冷风型:在冷风型的基础上增加了一个电磁换向阀,使制冷系统中的制冷剂换向流动,夏季能制冷降温,冬季可制热取暖,具有较高的经济价值。

热泵式空调器制热的特点是安全、清洁、方便、能量利用率高,当外界气温不很低时,制热效率高于电热供暖器,但当外界气温很低时,热泵式空调器制热效率明显下降。

② 电热冷风型:在冷风型机上加装了电热丝。用于制冷时,与冷风型相同;用于取暖时,则停止制冷系统的工作,接通电热丝,热量由风扇吹向室内。这种供热方式耗电多,比热泵冷风型制热效率低。

③ 热泵辅助电热型:在热泵冷风型空调器的基础上增加一组电加热器,当外界气温很低时,热泵制热效果较差,可使用电加热器供暖。

2. 按家用空调器结构分类

家用空调器按结构分类可分为窗式和分体式空调器。

（1）窗式空调器

窗式空调器又称整体式空调器,将压缩机、通风电机、热交换器等全部安装在一个机壳内,主要是利用窗框进行安装,如图 8.1.1 所示。

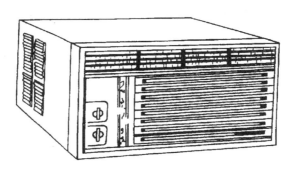

图 8.1.1 窗式空调器(横式)

窗式空调器的特点是结构紧凑、体积小、重量轻、噪声低、安装方便、使用可靠,并有换气装置。

(2) 分体式空调器

分体式空调器主要有壁挂式(图 8.1.2)、立柜式(图 8.1.3)等形式。

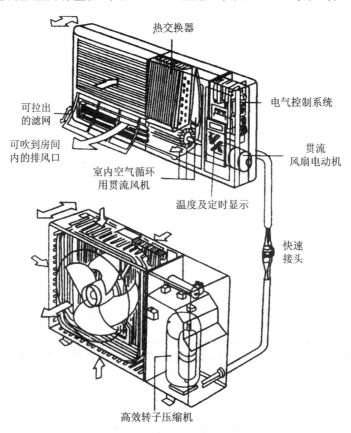

图 8.1.2 分体壁挂式空调器结构示意图

分体式空调器是将压缩机、通风电动机、热交换器等分别安装在两个机壳内,分为室内机组和室外机组,用管道将这两部分连接起来。

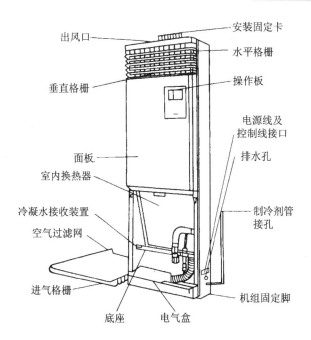

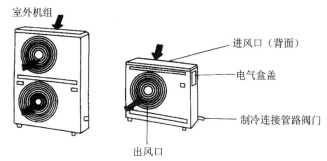

图 8.1.3 分体立柜式空调器结构示意图

室外机组：一般包括压缩机、冷凝器、轴流风机等。

室内机组：一般包括蒸发器、毛细管、离心风扇、温控器和电器控制元件等。

分体式空调器的特点是噪声更低、冷凝温度低、室内占地面积小、安装容易、维修方便。

3. 按室内机数量分类

按室内机数量分类可分为"一拖一"和"一拖二"两种空调器。

"一拖二"分体式空调器又称复合式空调器，是用一台室外机组带动两台室内机组工作，从而使一台空调器相当两台空调器使用。

根据工作过程不同，"一拖二"空调器可分成 3 种类型：

① 单容量单压缩机式：室外机组装有一台单容量的压缩机，同时带动两台室内机组。

② 单容量双压缩机式:室外机组装有两台相互独立的单容量压缩机,每台压缩机分别带动一台室内机组,而两台室内机组也是相互独立运行。

③ 可调容量压缩机式:室外机组只有一台压缩机,但容量可以调节,并带动两台室内机组。这种方式可根据空调房间负荷变化来调节压缩机的容量,其压缩机一般都采用变频调速方式来调节其容量。但这种形式结构较复杂、造价较高。

8.1.3 空调器的型号和命名

根据我国国家标准 GB7725—87《房间空调器》中规定,空调器按结构形式分类代号如下:

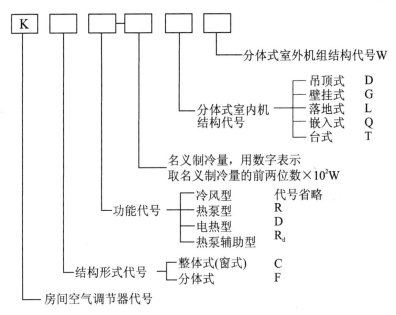

1. 冷风型

功能代号省略。

型号举例:

KC-18:表示窗式冷风型房间空调器,制冷量为 1 800 W。

KF-28G:表示分体式房间空调器,室内机组为壁挂式,制冷量为 2 800 W。

KT-8:表示台式冷风型房间空调器,制冷量为 800 W。

2. 热泵型

热泵型空调器的型号表示方法基本上与冷风型相同,不同的在于功能的代号用符号 R 表示。

型号举例:

KCR-26:表示窗式热泵式房间空调器,制冷量和制热量都为 2 600 W;

KFR－32GW:表示分体式热泵式房间空调器,壁挂式室内机,带室外机组,制冷量和制热量为 3 200 W。

3．电热型

与上面不同的是功能的代号用 D 表示。

型号举例:

KCD－20:表示窗式电热型房间空调器,制冷量为 2 000 W。

KFD－26DW:表示分体式电热型房间空调器,室内机组为吊顶式,制冷量为 2 600 W。

8.2 窗式空调器

8.2.1 窗式空调器的结构

窗式空调器主要由制冷循环系统、空气循环系统、电气控制与保护系统 3 部分组成,如图 8.2.1 所示。

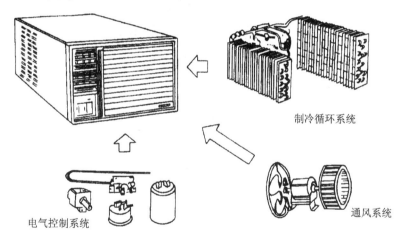

图 8.2.1 窗式空调器的组成示意图

1．制冷循环系统

窗式空调器的制冷循环系统与冰箱的相同,主要由压缩机、蒸发器、冷凝器、干燥过滤器、毛细管连接成闭路系统。在压缩机不停地运行中,制冷剂在制冷系统中不断蒸发、冷凝循环完成制冷作用。

2．空气循环系统

(1) 空气循环系统的基本组成

空气循环系统主要由风扇电动机、离心风扇、轴流风扇、空气过滤网、排气挡板、出风栅等组成,作用是驱使空气循环,更新室内空气,为蒸发器、冷凝器提供热交换的气流,调节室内的温度等。空气循环系统又由室内空气循环系统、室外空气循环系统、新风系统构成。

① 室内空气循环系统:室内空气通过滤尘网除尘后,将室内的空气吸入,经蒸发器冷却后进入离心风机,再经风叶压缩后提高气体的压力,排入风道,并通过风道和风口送至室内。

② 室外空气循环系统:室外空气被空调器左右两侧的叶窗吸入,经轴流风扇吹向冷凝器,让冷凝器中的制冷剂迅速冷凝,热空气从空调器后部排出,以加强冷凝效果。

③ 新风系统:国内产品通常采用两种形式,一种是在窗式空调器上部排风侧开有一扇小门,由控制板上的滑杆控制其开度,作用是将室内混浊空气从空调器后部排出,新鲜空气从窗缝、门缝吸入。另一种是在空调器上部开有一扇小门,排出污浊空气,在其下部吸气侧另有一扇吸入新鲜空气的小门。打开吸气门,室外新鲜空气直接从新风门吸入,形成占15%室内气量的新风。新风的引入量可根据人们的需要调节。空气循环系统如图8.2.2所示。

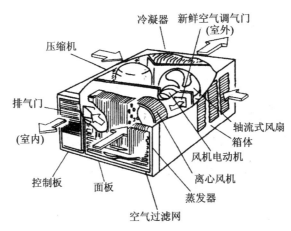

图8.2.2 空气循环系统

(2) 空气循环系统主要部件及作用

1) 离心风机

离心风机主要用于窗式空调器的室内侧和分体立柜式空调器的室内机组,一般由工作叶轮、螺旋形蜗壳、轴及轴承座组成,如图8.2.3所示。它的特点是风量大、噪声小。这种叶轮结构紧凑,尺寸小,而且随着转速的下降,风机噪声也明显降低。离心风机的工作回路:当空调器运行时,离心风扇在电动机的带动下在蜗壳内高速旋转,叶片之间的气体在离心力的作用下从轴向吸入,在叶轮内侧及吸风口处形成负压力,而吸入的气体由径向抛向蜗壳,增压后由蜗壳出

图8.2.3 离心风机

口排出。

2）轴流风机

轴流风机由叶轮和轮圈组成，如图 8.2.4 所示。叶轮装在大轴上，一般由 3～4 片叶片组成，叶片很宽。窗式空调器一般将叶片后角与轮圈冲压或铆接在一起，既增强了风机的刚性，又可利用轮圈将底盘内的凝结水飞溅到叶片前，再由风机吹到冷凝器上以增强热交换效果。由于轴流风机的叶片具有螺旋面形状，所以当叶轮在机壳中旋转时，空气由轴向进入叶片，并在叶轮的推动下沿轴向流动。轴流风机效率较高，气流量大，但风压较低，噪声较高，所以常用于窗式空调器和分体式空调器的室外侧。

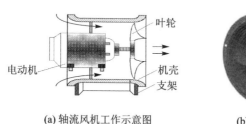

(a) 轴流风机工作示意图　　　　(b) 轴流风机外形

图 8.2.4　轴流风机

3）贯流风机

贯流风机广泛使用于分体壁挂式空调器的室内机组。贯流风机具有前向式叶轮，其叶片的轴向宽度很宽，如图 8.2.5 所示。风扇运行时，空气从径向上端吸入，再沿叶轮径向横贯流过，然后从径向下端排出。贯流风扇的特点是叶轮直径较小，在转速较低的情况下可产生较高的风压，而且叶轮的轴向宽度可以很长。

4）风机电动机

空调器风机电动机是离心风机、轴流风机、贯流风机的动力，如图 8.2.6 所示。对风机电动机的要求是噪声低、振动小、运转平稳、效率高、重量轻、体积小和转速调节方便灵敏等。窗式空调器和分体式空调器室内机组的风机电动机一般选用单相双速或三速电动机，而分体式空调器室外机组中的风机电动机通常采用单相单速电容式电动机。

图 8.2.5　贯流风机

图 8.2.6　风机电动机

窗式空调器的风机电动机目前均采用双出轴电动机，即一台电动机带动两个风扇叶轮，一端安装离心风扇，另一端安装轴流风机。分体式空调器的贯流风扇和轴流风扇则各由一台电动机带动,分别安装于室内机组和室外机组,一般来说,轴流风机电动机的功率比贯流风机电动机大。

5)空气过滤网

空气过滤网是净化空气的重要设备,目前空调器中主要使用干式纤维过滤网和聚氨脂泡沫塑料过滤网。当空气过滤网积尘过多时,应及时清洗,否则过滤网阻塞会使风量减少,降低制冷制热的效果,甚至造成空调器故障或损坏。

3. 电气控制与保护系统

窗式空调器的电气控制与保护系统的作用是控制空调器的正常运行,并实现多种功能的调节,以满足用户的要求;一般包括电气启动、电气保护和多功能控制部分,主要由压缩机电动机、风扇电动机、步进电动机、温度控制器、操作开关、发热元件、过载保护器等组成。

8.2.2 窗式空调器的工作原理

1. 调节室内温度

冷风型窗式空调器的工作原理如图 8.2.7 所示。

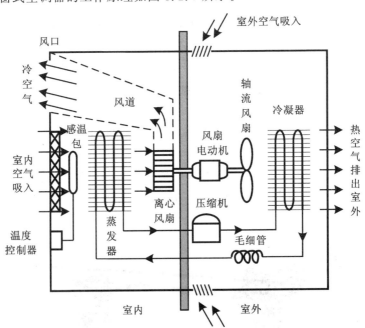

图 8.2.7 窗式空调器工作原理示意图

空调器制冷时,压缩机吸入低压气态制冷剂,把其压缩成高温高压气态制冷剂,送进冷凝器冷却。轴流风扇从空调器左右两侧的百叶窗吸入室外空气并送入冷凝器,使制冷剂蒸气冷却变成高压液态制冷剂,再经毛细管节流降压后送入蒸发器。室内空气由离心风扇吸入到蒸发器,进入蒸发器中的低压液态制冷剂因吸收室内空气的热量而变成气态制冷剂,使室内空气得到降温,降温后的室内空气在离心风扇的作用下通过风道回到室内。经过蒸发器的低压气态制冷剂又被吸入压缩机,再次压缩成高压气态制冷剂。如此循环,使室内温度降低。

制冷剂在制冷系统中循环要经过 4 个热力变化过程,这 4 个热力过程分别由 4 个部件来完成。

① 蒸发过程:由蒸发器来完成,低压液态制冷剂进入蒸发器中进行气化,变成低压制冷剂蒸气,吸收室内空气热量,从而使室内温度降低。

② 压缩过程:由压缩机来完成,蒸发器中的低压制冷剂蒸气被压缩机吸入到气缸中进行压缩,变成高温高压的制冷剂蒸气被排入冷凝器中。

③ 冷凝过程:由冷凝器来完成,高温高压的制冷剂蒸气在冷凝器中把所吸收的热量排出系统,同时制冷剂蒸气被冷凝为液体。冷凝器是一个散热器,它应放在室外以便将热量排放到室外环境空气中。

④ 节流过程:也可认为是降压过程,用节流元件来减小其流量,降低其压力。在小型空调器中,一般采用毛细管来实现节流过程,也有用热力膨胀阀进行节流。

在压缩机不停地运行中,上述 4 个热力过程连续不断地循环来完成空调器的制冷过程。

2. 降低室内湿度

在制冷过程中,因蒸发器的表面温度低于被冷却的室内循环空气的露点温度,所以当室内空气通过蒸发器时会不断析出露水,使室内空气的相对湿度下降。而露水流向底盘经过冷凝器下方时,部分低温露水被轴流风扇的甩水圈飞溅起来以冷却冷凝器,其余则通过底盘的排水管排至室外。因此,冷风型空调器制冷时一般伴随除湿过程,因而不能用于有湿度要求的场所。

3. 净化空气

室内空气由离心风扇吸进空调器箱体内时,必须经过进风栅后边的空气过滤网,此滤网有良好的滤清空气作用,使空气得以净化。

4. 空气流动

离心风扇给冷风一定速度,使其经风道送至出风栅,在出风栅上设有摇风装置,使栅格自动左右摇动,从而改变了低速流动的冷风风向,使室内空气流动起来。

8.2.3 窗式空调器的控制电路

1. 窗式空调器控制电路组成

窗式空调器的控制电路主要由压缩机电动机、风扇电动机、步进电动机、温度自动控制器、操作开关、发热元件、过载保护器等组成。

① 压缩机电动机。压缩机电动机与压缩机构为一体，一般采用电容启动方式。

② 操作开关。操作开关是接通风机、压缩机的电源开关。它有多个触点，风机分高速、中速、低速3挡。空调器的制冷风量可以通过改变风机转速来调节，风机处于高速时，空调器制冷量最大；处于低速时，制冷量最小。

③ 过载保护器。过载保护器又称过载继电器，由双金属圆盘、触点、加热丝等组成，常见的圆顶框架式过载保护器如图8.2.8所示。当家用空调器过载运行时，过载保护器断开电路可以防止压缩机烧毁。

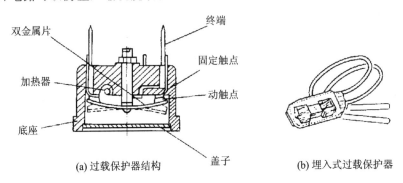

(a) 过载保护器结构   (b) 埋入式过载保护器

图8.2.8　过载保护器

以下情况可引起空调器过载：当空调器运行在环境气温超过43℃时，空调器停机后3 min内再次开机（这种情况下，制冷循环系统中制冷剂的高压侧和低压侧无法保持平衡，造成压缩机的过载，以致压缩机电动机无法启动），加入制冷剂过多等。

当压缩机的温度超过允许值时，装在压缩机表面的过载保护器（图8.2.8(a)）启动，使电源断开，避免烧毁压缩机的电动机；当超载运行或当压缩机无法启动时，过载保护器线圈中的电流会增大，线圈发热使双金属片动作，将接触点断开，切断电源，从而保护了压缩机。

图8.2.8(b)是埋入式过载保护器，它被埋入在压缩机、风机电动机内。如果压缩机和风机电动机的温度升高，机内过载保护器的两个金属片受热变形，使触点断开。温度降低后，这种保护器会自动复位。

④ 温度自动控制器。温度自动控制器能将室内温度控制在一个所需要的温度上，可自动开停压缩机。温度自动控制器的结构如图8.2.9所示，其工作原理简述如下：在空调器内的进气口上安装一个温度传感器，它可测知室温，密封在热传感器内特殊气体的压力会随温度的变化而变化，这个压力变化再转换为一个机械力去推动控制器触点的开或闭。

当进气口的空气温度降低时，传感器内的气体温度也会降低，此时，作用在隔膜上的压力也减小，引起隔膜往下移动，隔膜位置的变化可传至杠杆，这样便能使自动温度控制器的开关断开。当改变温度控制器控制刻度盘时，凸轮将转动并改变弹簧的拉力，以致杠杆的操作压力发生变化，接触点开闭所控制的温度就随之变化。

⑤ 步进电动机。步进电动机一般用于分体式壁挂式空调器的风向调节。在脉冲

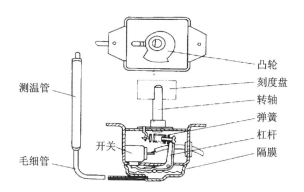

图 8.2.9　温度自动控制器

信号控制下,其各相绕组加上驱动电压后电动机可正、反向转动。

⑥ 发热元件。电热冷风型空调器的发热元件大多采用电热丝,如图 8.2.10 所示。它的热容量小,体积小,重量轻。电热丝采用镍铬扁丝,用耐高温合成云母层压板为支架,配有高灵敏度温度继电器,使得温度超过选定值后 10 s 内能切断电热丝电源,并使空调器安全运行。

空调器的发热元件也有采用电热管的,如图 8.2.11 所示。电热管式加热器具有传热快、热效率高、机械强度大、安装方便、使用安全可靠、寿命长、适应性强等优点。由于电热管的热容量大,所以空调器关机前,最好打开"风"挡吹数分钟,待余热逐渐消散后才可关机。

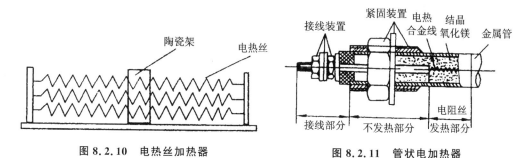

图 8.2.10　电热丝加热器　　　　　图 8.2.11　管状电加热器

2. 窗式空调器控制电路工作原理

窗式空调器按其控制方式可以分为强电控制和弱电控制两种,强电控制是指控制线路的电源电压为 220 V 或 380 V 交流电压,这种控制电路比较简单,查找故障方便;弱电控制是指用低电压的电路板发出控制信号,再控制压缩机、风扇等,这种控制电路功能较多,但故障排除比较复杂。

(1) 单冷型窗式空调器的控制线路

图 8.2.12 是普通单冷型窗式空调器的典型控制电路。图中 X_1 是电源插头,K 为选择开关(虚线表示操作开关的挡位。有"·"表示对应触点闭合,无"·"表示对应触点

断开),M_1 为风扇电动机,T 为温控器,M_2 为制冷压缩机电动机,Q 为过载保护器,C_1、C_2 分别为风机电动机和压缩机电动机的启动电容器。当接通电源并将选择开关打至强风挡时,$1-2$ 通,M_1 的高速挡被接通,风扇电动机高速运转。由于 M_2 未接通,压缩机不工作。当选择开关打至强冷挡时,$1-2$、$1-4$ 接通,M_1 的高速挡被接通,M_2 也被接通,空调器做强冷运行。当选择开关至弱冷挡时,$1-3$ 通,M_1 的低速挡及 M_2 被接通,空调器做弱冷运行。当选择开关打至弱风挡时,$1-3$ 通,M_1 的低速挡被接通,风扇电动机低速运转。在制冷运行时,温控器应调在制冷位置,即 $C-L$ 通。

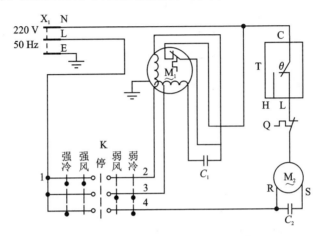

图 8.2.12　单冷型窗式空调器电路

(2) 电热冷风型窗式空调器的控制线路

　　KCD 系列电热冷风型窗式空调器的典型控制电路如图 8.2.13 所示。图中 X_1 为电源插头,M_1 为风扇电动机,M_2 为压缩机电动机,K_1 为选择开关,T 为温控器,F 为熔断器,E 为电加热器,Q 为过载保护器,K_2 为可复性保护器,C_1、C_2 为风机电动机和压缩机电动机的启动电容器。当选择开关打在送风挡时,$1-2$ 通而其余断开,M_1 被接

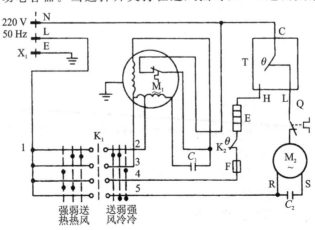

图 8.2.13　电热冷风型窗式空调器电路

通,空调器作送风运行。当选择开关打在强冷或弱冷位时,1－3 与 1－5 或者 1－2 与 1－5 通,而且温控器置于制冷挡位置,C 与 L 通,则空调器制冷运行。当选择开关打在强热或弱热挡时,1－3 与 1－4 或者 1－2 与 1－4 通,而且温控器打在加热挡位置,C 与 H 通,此时风机与电加热器同时工作,但压缩机不工作,则空调器制热运行。

8.3　热泵冷风型空调器

　　热泵冷风型空调器能夏季制冷,冬季制热,一机两用。要实现夏季制冷、冬季制热,而又使用同一套设备,热泵冷风型空调器比冷风型空调器多了一个电磁四通换向阀,可以根据制冷和制热的不同要求来改变制冷剂的流动方向,作为热交换器的蒸发器和冷凝器在系统中的作用可以互换。当低压制冷剂进入室内热交换器(此时为蒸发器),空调器向室内送冷气制冷。当高压制冷剂进入室内热交换器(此时为冷凝器),空调器向室内送热风供暖。基本结构如图 8.3.1 所示。图中看出,它除了有与前面叙述的窗式空调器结构相同的部分之外,还有两个不同之处:

　　一个是蒸发器和冷凝器完全一样,可以互换,因此不再分别称为蒸发器和冷凝器,而统称为热交换器。

　　另一个是在压缩机排气管上装有一个四通电磁换向阀。电磁换向阀的作用是使制冷剂流动方向发生逆变,用于制冷系统的冷热转换。

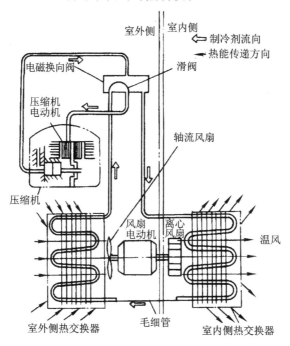

图 8.3.1　热泵冷风型空调器基本结构

8.3.1　热泵冷风型空调器制热工作原理

热泵型空调器从制冷转换到制热必须具备两个条件:

① 通过四通阀换向改变制冷剂的流向,使室外热交换器成为蒸发器吸收热,使室内热交换器成为冷凝器放热。

② 增加毛细管的节流压降,使蒸发压力变得更低,才能从外界空气中吸收热量,方法是增加单向阀 D1 和毛细管 C_2,如图 8.3.2 所示。制热时单向阀 D1 不通,C_1 和 C_2 串联工作,压降增加。制冷时单向阀 D1 通,制冷剂只通过毛细管 C_1 进行降压。

热泵型空调器制热原理简述如下:

图 8.3.3 为某四通电磁换向阀实物图。制热时电磁阀线圈通电,产生磁场,将阀芯 A 和 B 吸入,如图 8.3.4 所示。于是管 C 被堵塞,管 D 畅通。该阀将来自压缩机的高

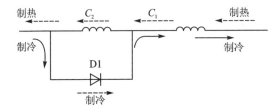

图 8.3.2　两根毛细管和一个单向阀的组合

图 8.3.3　四通电磁换向阀

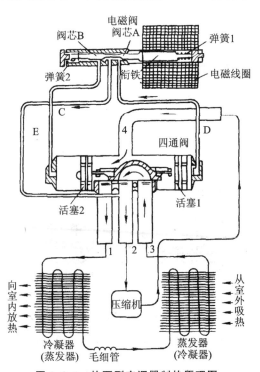

图 8.3.4　热泵型空调器制热原理图

压气体从管 4 进入四通阀。活塞 1、活塞 2 都有排气孔,活塞 1 侧高压气体从管 D 通过阀芯而流入管 E,而管 C 由于堵塞压力高,于是活塞 2 和活塞 1 产生压力差,将活塞推动右移,高压气体从管 4 流向管 1,经室内热交换器(冷凝器)向室内放热而冷凝成为高压液体,再经毛细管节流降压成低压液体,回到室外热交换器(蒸发器),从室外吸热,然后经管 3 回到管 2 至压缩机低压端,形成制热循环。

8.3.2　热泵冷风型空调器制冷工作原理

制冷时,由于电源转换开关的控制,换向阀电磁线圈的电源被切断,衔铁在弹簧 1 的推动下左移,使阀芯 A 将右阀孔关闭,而左阀孔开通,如图 8.3.5 所示。这样,C 与 E 管被接通,而 D 管被关闭不通。在四通阀体内,除滑块盖住的低压气体外,其他部分就是高压气体。在 D 管堵住不通的情况下,阀体内的高压气体通过活塞 1 上的小孔向四通阀右端盖内充气。因为 C 与 E 是接通的,而毛细管孔径比活塞上的小孔大数倍,所以从小孔流过去的气体迅速通过压缩机吸气管吸入,因此在活塞 2 的左面不能建立起高压力,滑块左、右活塞就形成一个压力差,把滑块与活塞组推向左端位置,换向阀就成为如图 8.3.5 所示的状态。此时,管 1 与管 2 连通,即制冷剂气体从室内热交换器(蒸发器)流出被压缩机吸入(室内热量吸入),而管 3 与管 4 连通,即压缩机排出的高压气体进入室外热交换器(冷凝器),热量散至室外。这就是热泵型制冷循环系统制冷运行时换向阀的工作过程。

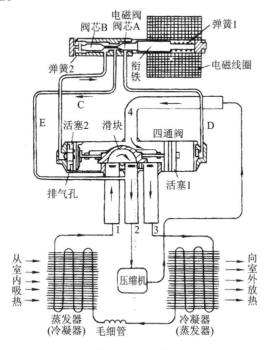

图 8.3.5　热泵型空调器制冷原理图

8.4 分体式空调器

8.4.1 分体式空调器的基本结构

分体式空调器主要由室内机组和室外机组两大部分组成。室内机组主要由蒸发器(室内热交换器)、毛细管、温度控制器、离心风机及室内连接管道、室内电气控制电路等组成。室外机组主要由压缩机、轴流风机、冷凝器(室外热交换器)、电磁换向阀及室外连接管道、室外电气控制电路等组成。

分体式空调器是在整体式空调器的基础上发展起来的,它的优点是:

① 压缩机和冷凝器装在室外机组中,安装时可离房间远一些,所以可改善环境,噪声也较小。

② 安装和维修方便,小修容易,大修可分别拆卸室内外机组分别进行修理。

③ 室内机组一般为超薄型,美观大方,布置方便,可与室内装饰协调配套。

④ 在室外机组中增加了冷凝器面积和风量,散热条件比窗式好,制冷效果好。

分体式空调器结构示意图如图8.4.1所示。

分体式空调器尽管其外形和结构各不相同,但它们的制冷系统和室内外机组的连接方式是基本一致的。

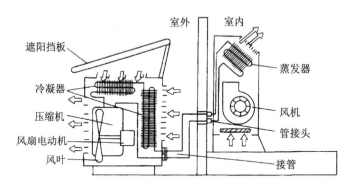

图 8.4.1 分体式空调器结构示意图

8.4.2 分体式空调器制冷系统的基本原理

图8.4.2是热泵型空调器的制冷系统原理图。

图8.4.2(a)为制冷工作状态(又称制冷工况)简图,在制冷工况下制冷剂的流向为:压缩机→消音器→四通换向阀→室外换热器(此时为冷凝器)→单向阀1→干燥过滤器2→毛细管2→室内换热器(此时为蒸发器)→缓冲器→四通换向阀→压缩机。

图8.4.2(b)为制热工作状态(又称热泵工况)简图,在热泵工况下制冷剂的流向

为:压缩机→消音器→四通换向阀→缓冲器→室内换热器(此时为冷凝器)→单向阀 2→干燥过滤器 1→毛细管 1→室外换热器(此时为蒸发器)→四通换向阀→压缩机。

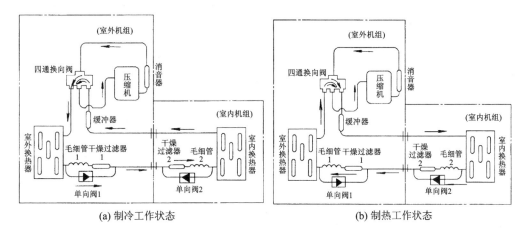

图 8.4.2　热泵型空调器制冷系统原理图

在制冷工况下,由于毛细管 1、过滤器 1 和单向阀 1 并联,毛细管阻力大,只有极少量制冷剂流过它,所以制冷剂绝大部分都从单向阀 1 流过去,到单向阀 2 时受阻(不通),经过滤器 2、毛细管 2 节流进入室内换热器,此时它为蒸发器,所以室内制冷降温。相反,在热泵工况下,单向阀 2 通,单向阀 1 不通,制冷剂经毛细管 1 节流而进入室外换热器,此时它为蒸发器,吸收外界热量输送到室内去,使室内制热升温。

8.4.3　分体式空调器的电气控制电路分析

1. 强电控制分体式空调器电路

分体落地式空调器 KFR - 31LW 是典型的强电控制分体式空调器,其电气控制电路如图 8.4.3 所示。本机属热泵冷风型空调器。整机电路可分为室外机组电路和室内机组电路两部分,室内、外机组电路用 6 根导线相连。本电路与电热冷风型空调相比,增加了电磁阀、除霜开关、电磁继电器,并且增加了除霜功能。

(1) 室内风扇电路

制冷时,室内风扇电动机供电回路的工作过程如下:

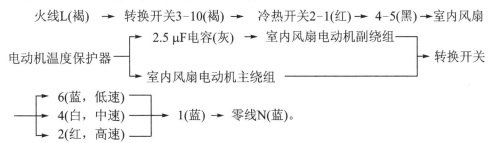

制热时，室内风扇电动机受电磁继电器触点 2-6 控制，供电回路工作过程可依据图 8.4.3 自己分析。

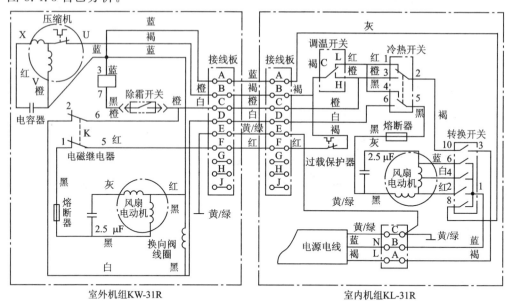

图 8.4.3　KFR-31LW 分体式空调器电路

（2）室外风扇电路

室外风扇电动机供电回路工作过程如下：

火线 L（褐）── 转换开关 3-10（褐）── 冷热开关 2-1（红）── 调温开关 L-C── 温度过载保护器 ── 接线板 F（红）──继电器常闭触点 5-1（黑）── 温度保护器（黑）

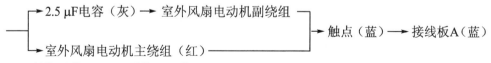

── 转换开关 8-1── 零线 N（蓝）。

（3）压缩机供电电路

压缩机供电回路的工作过程如下：

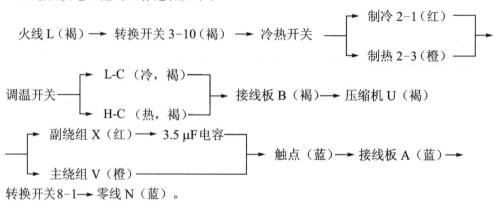

转换开关8-1── 零线 N（蓝）。

（4）电磁换向阀线圈供电回路（制热工况）

火线 L（褐）→转换开关 3-10（褐）→冷热开关 2-3（橙）→触点（橙）→接线板 C（橙）→触点（橙）→继电器 6-2（白）→触点（黑）→换向阀线圈（黑）→触点（蓝）→接线板 A（蓝）→转换开关 8-1→零线 N（蓝）。

（5）除霜电路

在执行除霜功能时，电磁阀断电，压缩机由制热循环变为制冷循环，且室内外风扇电动机停止运转。

在制热工作状态下，室外热交换器温度在 −3℃ 以下时，除霜开关闭合，使继电器线圈 7-3 形成回路，常闭触点 6-2、5-1 断开室内外风扇电动机和电磁阀线圈，同时断电，系统转换成制冷循环，依靠冷凝器放热化霜，待温度上升到 10℃ 以上时，除霜开关断开，电磁继电器断电，触点 6-2、5-1 闭合。室内外风扇电动机电路和电磁转向阀线圈通道重新工作，恢复制热循环。

2. 弱电控制分体式空调器电路

分体壁挂式空调器的控制电路是典型的弱电控制分体式空调器电路，由室内、外机组控制电路和遥控器电路组成。遥控器发射控制命令，微电脑处理各种信息并发出指令，控制室内机组与室外机组工作。

热泵分体壁挂式空调器室内、外机组的控制电路，如图 8.4.4 所示（热泵型）。工作过程如下：

① 制冷运行。制冷运行的温度范围设定为 20～30℃，当室内温度高于设定温度时，微电脑发出指令，压缩机继电器吸合，于是压缩机、室外风机运转。制冷运行时室内风机始终运转，可选择高、中、低任意挡风速。当室温低于设定温度时，压缩机、室外风机停止运行。

② 抽湿运行。抽湿时，室内风机、室外风机和压缩机同时运转，当室内温度降至设定温度后，室外风机和压缩机停止运转，室内风机继续运转 30 s 后停止，5.5 min 后再同时启动室内、外机组，如此循环进行。在抽湿运行时，室内风机自动设定为低速挡，而且睡眠、温度设定等功能键均有效。如果遥控器发出变换风速的信号，空调器可接收信号，但并不执行。

③ 送风运行。送风运行时，可选择室内机组自动、高、中、低任意挡风速，但室外风机不工作。

④ 制热运行。空调器进入制热运行时，可在 14～30℃ 的范围内以 1℃ 为单位设定室内温度。当室内温度低于设定温度时，压缩机继电器、四通阀继电器、室外风机继电器吸合，空调器开始制热运行。在制热运行中，当盘管温度小于或等于 20℃ 时，为了避免向室内吹冷风，室内风机不运转；当盘管温度大于 28℃ 时，室内风机运转。此外，为了提高制热效率，微电脑会根据室外侧热交换器铜管的温度及压缩机的运转情况来判断空调器是否需要除霜。在除霜时，压缩机运转，室外风机、室内风机停止工作，待除霜结束后再恢复工作。

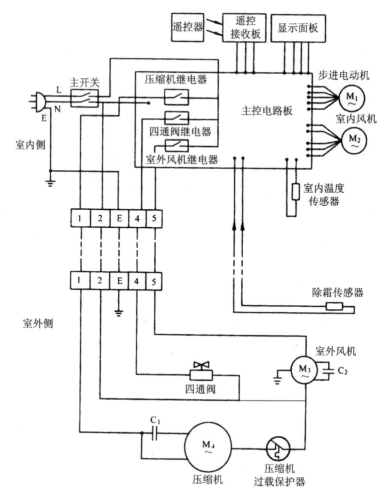

图 8.4.4　热泵型分体壁挂式空调器电路

　　⑤ 自动运行。进入自动运行工作状态后,室内风机按自动风速运转,微计算机根据接收到的温度信息自动选择制冷、制热或送风运行。

8.5　变频式空调器

　　变频式空调器是一种新型高效节能的热泵型空调器,采用了变频调速技术。与传统空调器相比,变频空调是在普通空调的基础上选用了变频专用压缩机,增加了变频控制系统,它的基本结构、制冷原理和普通空调完全相同。变频空调的主机是自动进行无级变速的,它可以根据房间情况自动提供所需的冷(热)量;当室内温度达到期望值后,空调主机则以能够准确保持这一温度的恒定速度运转,实现"不停机运转",从而保证环境温度的稳定。

与传统空调器相比变频式空调器有以下几个优点：

1）节　能

由于变频空调通过内装变频器随时调节空调机压缩机的运转速度，从而做到合理使用能源；由于它的压缩机不会频繁开启，会使压缩机保持稳定的工作状态，这可以使空调整体达到节能 30％ 以上的效果。同时，这对噪声的减少和延长空调使用寿命有相当明显的作用。

2）噪声低

由于变频空调运转平衡，振动减小，噪声也随之降低。

3）温控精度高

它可以通过改变压缩机的转速来控制空调机的制冷（热）量。其制冷（热）量有一个变化幅度，因此室内温度控制可精确到 ±1℃，使人体感到很舒适。

4）调温速度快

当室温和调定温度相差较大时，变频空调开机，即以最大的功率工作，使室温迅速上升或下降到调定温度，制冷（热）效果明显。

5）电压要求低

变频空调对电压的适应性较强，有的变频空调甚至可在 150～240 V 电压下启动。

6）环境温度要求低

变频空调对环境温度的适应性很强，有的产品甚至可在很低的环境温度下启动。

7）一拖二智能控温

它可智能地辨别房间大小并分配冷（热）量，使大小不同的房间保持同样的温度。

8）保持室温恒定

变频空调采用了变频压缩机，变频空调可根据房间冷（热）负荷的变化自动调整压缩机的运转频率。达到设定温度后变频空调以较低的频率运转，避免了室温剧烈变化所引起的不适感。当负荷小时运转频率低，此时压缩机消耗的功率小，同时避免了频繁开停，从而更加省电。

8.5.1　变频方式和变频原理

1. 变频方式

目前，在变频式空调器中的变频方式有两种：交流变频方式和直流变频方式。

（1）交流变频方式

交流变频的原理是把 220 V 交流市电转换为直流电源，为变频器提供工作电压，并把它送到变频开关。同时，变频开关受微机送来的指令控制，输出频率可变的交流电压，使压缩机的转速随电压频率的变化而相应改变，这样就实现了微机对压缩机转速的控制和调节。

采用交流变频方式的空调器压缩机要使用三相感应电动机,才能通过改变压缩机供电的频率来控制它的转速。交流变频过程的原理如图 8.5.1 所示。

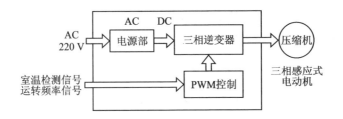

图 8.5.1　交流变频过程原理图

在变频过程中,空调器为了使制冷或制热能力与负荷相适应,它的控制系统将根据从室内机检测到的室温和设定温度的差值,通过微机运算产生运转频率指令。这个频率可变的运转指令,通过逆变器产生脉冲状的模拟三相交流电压加到压缩机的三相感应电机上,使压缩机的转速发生变化,从而控制压缩机的排量,调节空调器制冷量或制热量。

(2) 直流变频方式

直流变频空调器同样是把交流市电转换为直流电源并送至变频开关,变频开关同样受微机指令的控制,不同的是变频开关输出的是电压可变的直流电源,驱动压缩机运行,控制压缩机排量。

由于压缩机转速是受直流电压高低控制的,所以要采用直流电动机。直流电动机的定子绕有电磁线圈,而采用永久磁铁作转子。当施加在电动机上的电压增高时,转速加快;当电压降低时,转速下降。利用这种原理来实现压缩机转速的变化,通常称为直流变频。实际上,正因为这种空调器压缩机是直流供电,并没有电源频率的变化,所以严格地讲不应该称为"直流变频空调器",而称为"直流变速空调"。

由于压缩机使用了直流电动机,空调器更节电,噪声更小,但这种压缩机的价格要高一些。

2. 变频原理

(1) PWM 调制器

变频空调器采用的是脉冲宽度调制器,常用英文缩写 PWM 表示。在调制电路中,输入信号有两个,一个是频率较低的温度信号,另一个是频率较高的载波信号,输出信号是随温度变化的脉冲宽度调制信号。

(2) 变频器工作原理

变频电路由微机 PWM 控制部分和变频开关两部分组成,如图 8.5.2 所示。

变频开关工作原理如下:

① 当开关 S3 和 S5 为 ON(开)状态,其他开关为 OFF(关)状态时,三相异步电动机中有电流从 W 端流向 V 端,电流方向如箭头所示。

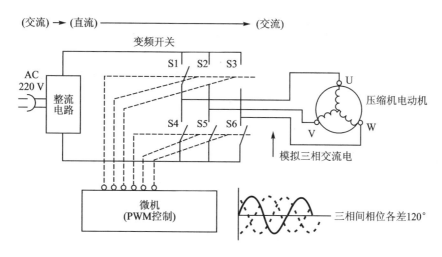

图 8.5.2　驱动变频电动机工作原理图

② 当开关 S1 和 S5 为 ON(开)状态,其他开关为 OFF(关)状态时,三相异步电动机中有电流从 U 端流向 V 端。

③ 当开关 S3 和 S4 为 ON(开)状态,其他开关为 OFF(关)状态时,三相异步电动机中有电流从 W 端流向 U 端。

这样,电动机绕组上有交变电流流过产生旋转磁场,从而使电动机的转子旋转起来。S1～S6 开关动作在微机控制下交替工作,使压缩机电动机得到模拟三相交流电而转动。电源频率随着微机控制开关切换动作快慢变化,从而实现了压缩机电机转速的调节。

实际上变频开关是由功率晶体管组件构成的,如图 8.5.3 所示。一次开关控制信号波形中含有多个间隔很小的脉冲,这种方式称为 PWM 方式。功率晶体管组件中有 6 只晶体管,若每秒钟切换 90 次(90 Hz),则电动机的转速为 90 r/s。当需要的可变容量在 120 W 以下时,一般选用晶体管变频开关;可变容量在 120～1 500 W 时,宜选用晶闸管变频开关。

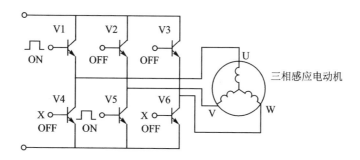

图 8.5.3　变频开关电路

8.5.2 变频式空调器的工作原理

图 8.5.4 是变频式空调器原理框图,经各传感器采集的信号送到微机控制系统,经分析处理,并经内部波形发生器产生新的控制信号,再经驱动放大去控制变频开关产生相应频率的模拟三相交流电压,供给压缩机。

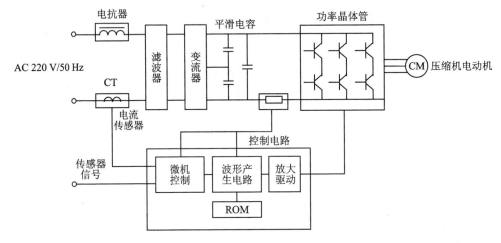

图 8.5.4　变频式空调器原理框图

波形发生器输出的控制信号是幅度不变的群脉冲,脉冲的宽度按需要变化,其相应占空比变化而导致信号的频率、模拟的正弦波幅度也随之可变,这种控制方式称为 V/F 等比例控制方式。采用群脉冲(单数)方式的目的是减少模拟正弦波中高次谐波分量的影响。

由此可知,变频式空调器正是利用变频式压缩机电动机,在室内空调负荷发生变化时,调节压缩机电动机的电源频率,使其转速按比例变化,从而实现连续的容量控制。当室内急需降温(或升温)时,室内空调负荷必然加大,供电频率增大,压缩机转速加快,使其制冷量(或制热量)按比例增加。反之,在一般情况或室内空调负荷减少时,压缩机转速正常运行或减速运行。所有工况都在微机控制下进行。这样,就改变了压缩机恒速运行,制冷量(或制热量)不变的旧框框,使空调器的运行转速随季节和昼夜的变化而变化。这样既可以节能,又可以保证室内的舒适条件。所以变频式空调器不仅有节能、舒适的特点,而且有工作性能好、启动和运转灵活、室内温度不会因除霜工作进行而降低、并能自动诊断故障的突出优点。

8.5.3 变频式空调器的制冷(制热)系统

变频式空调器的制冷(制热)系统主要由变频式压缩机、室内热交换器、室外热交换器、电磁换向阀、电子膨胀阀和除霜阀等组成,如图 8.5.5 所示。

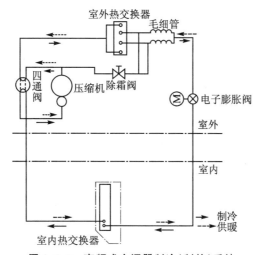

图 8.5.5　变频式空调器制冷(制热)系统

1. 变频式压缩机

变频式压缩机的转速能够随时调整变化,并与室内空调负荷的变化成比例。如在夏季制冷运行时,一开始制冷降温速度可加快,可以使室内温度降温的时间大大缩短。在冬季制热运行时,一开始升温时转速可加快,从而使室内升温的时间大大缩短。即使在室外温度为 0℃,室温从 0℃ 上升至 18℃ 也只需 18 min 左右。

压缩机可在除霜时以最高速度运行,使高温高压气态制冷剂通过除霜阀直接流入室外热交换器进行除霜,这样,既防止了除霜时造成室内系统温度降低,又缩短了除霜时间。

2. 电子膨胀阀

电子膨胀阀受微机控制,采用脉冲电动机驱动,是一种适应于制冷剂流量快速变化的高效膨胀阀。电子膨胀阀的作用是根据设置在膨胀阀进口、压缩机吸气管等处的温度传感器收集到的信息来控制阀门的开度,随时改变制冷剂的流量,主动配合变频式压缩机的变化,提高了压缩机的应变能力,使变频式压缩机的优异性能得到充分的发挥。这种新颖的电子膨胀阀开关调节快速、省电、重量轻且外形小。

8.5.4　变频式空调器的电气控制系统

变频式空调器的控制系统采用新型控制芯片,整个系统电路结构如图 8.5.6 所示。从图中可以看出,变频式空调器的室内机和室外机中都有独立的芯片控制电路,两个控制电路之间有电源线和信号线连接,完成供电和相互交换信息(即室内、室外机组的通信),从而控制机组正常工作。

室内的微机接收到遥控器发出的红外线信号、室内温度传感器的温度控制信号、热交换器吹出的温度控制信号,经微机运算发出控制指令,通过室外微机分析改变电源频率,从而对压缩机转速、风扇转速进行控制。室外机组微机在得到室内机组的微机送来

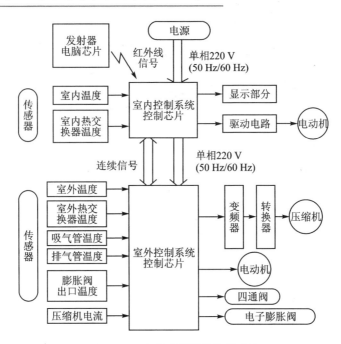

图 8.5.6　变频空调器的控制系统

的连续信号后,首先进行解读,根据所得指令进行电机电流、电子膨胀阀入口温度、室外温度、压缩机外壳温度、除霜时室外热交换器温度、变频器控制电路放热温度等信号的运算,综合其运算结果,分别对压缩机电动机的转速、制冷剂流量、室外风扇电机、电磁换向阀的通断进行控制,同时对各种安全电路的保护给予监测。室内外相互配合,使空调器所有运转功能均能按微机发出的控制信号进行工作。

　　与传统空调器的控制相比较可以看出,变频空调器的传感、检测信号项目更多,监控更全面、更准确。正是依靠这些电路,变频空调器才具有独特的运行方式和众多的优点。

8.6　空调器的常见故障分析与检修

8.6.1　空调器的故障分析方法

　　空调器故障的检修方法与电冰箱的检查方法基本相同,但空调器又有自身的特点,如比电冰箱多了制热功能和通风循环系统、在控制机构上也比电冰箱复杂。在维修空调器时,为了能准确地判断出故障部位,必须按照一定的步骤、方法进行检查和维修。实践证明,先简单、后复杂;先外部,后内部;先电气线路,后制冷系统的维修步骤是比较科学的。它可分成 4 个阶段,即确定故障部位、查找故障原因、处理排除故障和检查调试,其中查找故障原因和处理排除故障是维修的关键。

　　对空调器故障的检查分析,通常采用"看、听、摸、测"的方法:

① 看:就是仔细观察空调器的外形是否完好,各部件有无损坏;空调器制冷系统各处的管路有无断裂,各焊口处是否有油渍;电气元器件安装位置有无松脱现象。

② 听:即听声音,仔细听空调器运行中发出的各种声音。主要听压缩机有无异常声音,风扇运转声音是否正常,制冷剂在管中的流动声音是否正常等。

③ 摸:就是用手触摸压缩机外壳是否过热,制冷管路高、低温管工作是否正常,用手感觉空调器制冷时是否有凉风、制热时是否有热风等。

④ 测:为了准确判断故障的部位与性质,在用看、听、摸对空调器进行了初步检查的基础上,可用万用表测量电源电压、绝缘电阻;用钳形电流表测量运行电流等电气参数是否符合要求;用卤素检漏灯或检漏仪检查制冷剂有无泄漏及泄漏的程度。

由于空调器的制冷系统、电气控制系统、空气循环系统彼此有联系和相互影响,而看、听、摸和检测等检查手段所获得结果大多只能反映某种局部状态。因此对这些局部状态现象要进行综合比较、分析,从而全面准确地判断出故障的部位与性质,采取针对性的维修,减小维修工作的盲目性。

8.6.2　空调器常见故障与检修

空调器故障现象有许多种,但归纳起来主要有如下几种:

① 漏:是指制冷剂和润滑油的泄漏。

② 堵:是指制冷管路、毛细管及膨胀阀、干燥过滤器的脏堵和冰堵,蒸发器和冷凝器的积灰及空气调节器送风和回风口的积物堵塞等。

③ 断:是指电源线断开、熔断丝熔断、控制器件触点跳开;过载保护器动作而切断电源等。

④ 烧:是指压缩机电动机、风扇电动机、电磁阀、各类继电器线圈的烧毁。

⑤ 卡:是指压缩机卡住,风扇被卡住及运动部件的轴承磨损等。

空调器的常见故障与检修如表 8.6.1 所列。

表 8.6.1　空调器的常见故障与检修

故障现象	故障原因	排除方法
空调器不能启动	1. 电源有问题	1. 检查电源是否有断路、熔体是否熔断、电源电压是否过低
	2. 控制开关失灵	2. 检查控制开关及接线是否脱落,修复或更换控制开关
	3. 温控器失灵	3. 检查温控器触点是否导通,若不导通应更换温控器
	4. 启动继电器失灵	4. 应更换启动继电器
	5. 压缩机电动机烧毁、卡缸	5. 应更换同规格的压缩机
	6. 风扇电动机烧毁	6. 应更换同规格的风扇电动机
	7. 启动电容器失灵	7. 检查启动电容是否有断路,若有则更换

故障现象	故障原因	排除方法
空调器频繁启动	1. 电源电压不稳定 2. 室外热交换器积灰太多,影响散热 3. 制冷剂充注量过多 4. 温控器失控 5. 压缩机过电流保护器频繁启动 6. 转换开关接触不良	1. 加稳压电源 2. 清除室外热交换器的积灰,改善散热条件 3. 放出多余的制冷剂 4. 修复或更换温控器 5. 查找压缩机过电流的原因并排除故障 6. 修复或更换转换开关
热泵型空调器冷热转换失控	1. 转换开关失控 2. 温控器失控 3. 电磁换向阀线圈损坏 4. 控制电路故障	1. 修复或更换转换开关 2. 修复或更换温控器 3. 更换电磁换向阀 4. 修复或更换有关控制元器件
制冷过度,压缩机不停	1. 接线错误 2. 温度控制器故障 3. 温度控制器调节不当	1. 修理接线 2. 更换温度控制器 3. 调整温度给定值
空调器的压缩机、风扇均运转,但不制冷(或不制热)	1. 制冷系统堵塞 2. 风扇风量不足 3. 制冷剂不足,有泄漏 4. 电磁四通阀故障 5. 温控器调节不当	1. 对制冷系统进行充氮清洗 2. 清洗空气过滤网 3. 检漏、补漏后抽真空,补充制冷剂 4. 更换电磁四通阀 5. 重新调节温控器
窗式空调器压缩机运转正常、送风和排风扇均不运转	1. 风扇电源断电 2. 风扇电动机故障 3. 风扇运转电容器故障	1. 检查电源,恢复正常供电 2. 检查电动机线圈有无烧毁断路、短路 3. 检查是否接触良好或更换电容器
压缩机嗡嗡响而不转	1. 电压偏低 2. 线路断路或短路 3. 启动电容器故障 4. 启动继电器故障 5. 压缩机故障	1. 加稳压电源 2. 排除断路或短路处 3. 更换电容器 4. 更换启动继电器 5. 更换压缩机
空调器漏电	1. 电路部分受潮或积灰过多 2. 接地不良或未接地	1. 清除空调器内部的灰尘和潮气 2. 检查接地装置,确保接地保护线与接地体接触良好
分体式空调器运转,但室内冷却效果不佳	1. 低压压力偏低,室内热交换器通过的空气少 2. 高压压力偏高,高压管路堵塞,制冷系统混入不凝缩气体,室外热交换器通过的空气少 3. 四通阀内部泄漏,误动作 4. 压缩机吸气阀、排气阀破损	1. 室内送风扇转速慢或出入口受阻,则更换风扇电动机或清除堵塞物 2. 检查高压管路堵塞处,清除堵塞物,抽真空后充入制冷剂,室外风扇转速慢或出入口受阻,更换风扇电动机或清除堵塞物 3. 更换四通阀 4. 更换压缩机

故障现象	故障原因	排除方法
除霜运转不能停止	1. 压缩机故障或制冷剂不足 2. 四通换向阀故障 3. 除霜控制器调整不当 4. 除霜控制器、定时器或继电器故障	1. 修复压缩机或补充制冷剂 2. 更换四通换向阀 3. 重新调整 4. 更换新的
压缩机运转时噪声大	1. 安装不当 2. 管路碰撞、螺丝松动 3. 风扇叶片与导流圈等碰撞 4. 压缩机工作负荷重,发出沉闷声和振动	1. 重新安装固定 2. 移开碰撞管路、紧固螺钉 3. 调整风扇叶片与导流圈等的间隙 4. 清除冷凝器翅片上的灰尘,使其风量通畅
空调器漏水	1. 安装不当,室内侧低于室外侧 2. 排水管受堵 3. 底盘腐蚀 4. 轴流风扇甩水不畅	1. 重新安装,使室内侧高于室外侧 2. 疏通排水管 3. 清理底盘腐蚀部分,重新涂防锈漆 4. 调整轴流风扇甩水圈

8.7　空调器的安装

　　一台性能优良的空调器,要想让其最大限度地发挥作用,必须正确地进行安装和调试。分体式空调器的室内机组和室外机组置于不同位置,需要在现场做管道连接、制冷系统排空等一些专业性的技术工作,故要求安装人员具备管工、钳工、焊工、电工等技术以及具有一定的制冷空调基础知识、安装经验。

1. 安装要求

(1) 分体式空调器管道的连接

　　室内机与室外机的连接管路应尽量短,少弯曲。高度差最好不要超过 5 m,要易于安装和维修。室外机组的安装位置周围要有足够的空气进、出口的空间(一般进气口要至少留出 30 cm 的距离,出气口要至少留出 50 cm 的距离),以保证冷却空气流通顺畅。

　　分体式空调器室内外机组的气路连接管有两根,一根称为高压管(液管),另一根称为低压管(气管)。室内外管道的连接一般有 3 种:快速接头连接、扬声器式连接和弹簧接头连接。不管哪一种都要用两把扳手进行操作。旋转扳手时用力不能过大,以防损坏接头,但也不能过小,否则会泄漏制冷剂。

(2) 分体式空调器的电路连接

　　安装前要认真阅读机组的说明书,对照机组的接线端子台,弄清接线符号,一一对应并用分色导线连接。接线时一定要将电源线、控制线(又称信号线)、地线锁紧于端子台上,不得有松动现象。壁挂式空调器由于功率较小,电源多从室内接入机组,然后再接到室外机组,一些功率较大的落地式空调器,室外机组需要 380 V 电源,而室内机组需要 220 V 电源。这一点在连接电路时要格外注意,一定要操作正确,不能漏接或接错。

在使用三相电源作为空调器压缩机电动机的输入电源时,接线时若未按线路图正常操作而将电源的相位接错,会出现反相报警(指示灯报警),并且压缩机不能启动运行。当发现反相报警时,只须将电源接线的三相线中任意两根相线对调一下即可。但要特别注意的是,在未纠正反相故障以前绝不可强行启动,否则会造成压缩机损坏。

(3) 分体式空调器排水管的安装

排水管接头部位必须要用胶带缠紧、密封,否则会向室内滴水。当排水管与制冷剂管、导线管一同由墙洞穿出时,应将排水管置于最下端,以利于排水。

2. 安装步骤

分体式空调器的类型较多,但安装方法基本相同,安装流程如图 8.7.1 所示。

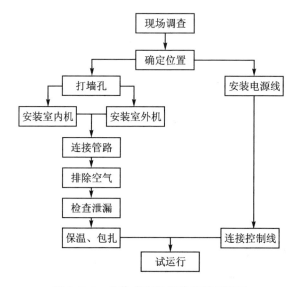

图 8.7.1 分体式空调器的安装流程图

3. 试机和调试

(1) 抽真空

R410A 制冷剂必须使用真空泵排除空气。图 8.7.2 为真空泵抽真空示意图。具体要求如下:

① 将歧管阀充注软管连接于低压阀充注口(注氟嘴)、高压阀(液阀)和低压阀(气阀)此时都要关紧。

② 将充注软管接头与真空泵连接。

③ 完全打开歧管阀 Lo(低压)手柄,开动真空泵抽真空。

④ 23～35 机型抽真空约 15 min,45～65 机型抽真空约 20 min,70 机及以上机型

抽真空约 30 min,确定压力表指针是否指在 −0.1 MPa(−76 cmHg)处。抽真空完成后,完全关紧歧管阀低压(Lo)手柄,关闭真空泵。

⑤ 抽真空完成后需要保压一段时间,以检查系统是否漏。一般 45 机型以下保压 3 min,45 机及以上机型保压 5 min,其间检查压力回弹不能超过 0.005 MPa(0.05 kg)。

⑥ 检查真空后,稍微打开液阀放气,以平衡系统压力,防止拆管时空气进入,拆下软管后再完全打开高低压阀。

⑦ 上紧高、低压阀阀帽以及充注口(注氟嘴)阀帽。

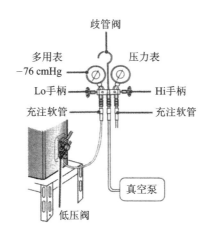

图 8.7.2　真空泵抽真空示意图

(2) 检　漏

将肥皂水用毛笔涂在管路连接部分的缝隙处,如发现冒气泡就是该处有漏。有条件的也可以使用检漏仪进行检漏。

(3) 空调器的试运转

将空调器电源接通,把试运转开关置于试运转位置,开机运转 10 min 左右,若一切正常,则进一步用遥控器操作试运行。若所装空调器上无试运转开关,则可把风量开在小风量挡试运行,正常后再用遥控器试运行。用手靠近室内侧的空气吹出口,确认有冷风吹出,若制冷时进出风温差在 8 ℃以上(制热时进出风温差在 15 ℃以上),则可视为工作正常。家用空调 R22 冬季制热时,低压压力(指吸气压力或蒸发压力)约为 0.32 MPa,高压压力(指排气压力或冷凝压力)约 1.8 MPa,平衡压力(指压缩机不工作时,高低压平衡时的压力)约 0.7 MPa;夏季制冷时。低压压力约为 0.5 MPa,高压压力约 1.8 MPa,平衡压力约 1 MPa。3 个压力的测量都在室外机气阀的工艺口上,制冷运转时为低压压力,制热运转时为高压压力,不工作时为平衡压力。

值得注意的是,由于空调器温控器的作用,空调器在夏季安装时不能进行制热运行、冬季安装时不能进行制冷运行属于正常情况。

习题 8

一、填空题

1. 家用空调器的有 _____、_____、_____、_____、_____、_____、_____、_____等功能。

2. 家用空调器按功能可分为 _____、_____两种,冷暖型空调器按制热方式不同,又可以分为 _____、_____、_____ 3 种。

3. 分体式空调器是将 _____、_____、_____等分别安装在两个机壳内,分为 _____和 _____,用管道将两部分连接起来。

4. 根据工作过程不同,"一拖二"空调器可分成 3 种类型:_____式、_____式、_____式。

5. 变频式空调器的变频方式有 _____方式和 _____方式两种。

二、选择题

1. 空调器制冷时,压缩机吸入的是(   )。
   A. 低压气态制冷剂　　　B. 高压气态制冷剂　　　C. 低压液态制冷剂

2. 热泵冷风型空调器的室内热交换器作用是(   )。
   A. 制冷　　　　　　　　B. 制热　　　　　　　　C. 又能制冷又能制热

3. 变频式空调器是一种新型高效节能的热泵型空调器,采用了(   )。
   A. 变频调速技术　　　　B. 电压调速技术　　　　C. 电流调速技术

4. 变频式空调器采用的 PWM 技术是指(   )。
   A. 脉冲编码调制　　　　B. 脉冲宽度调制　　　　C. 脉冲幅度调制

5. 分体式空调器室内外的气路连接管有(   )。
   A. 一根　　　　　　　　B. 两根　　　　　　　　C. 3 根

参考文献

[1] 韩雪涛.新型洗衣机维修技能[M].北京:机械工业出版社,2012.

[2] 梁仲华.新颖小家电原理与维修[M].贵阳:贵州科技出版社,2001.

[3] 张培寅.电热设备[M].北京:化学工业出版社,2005.

[4] 崔金辉.家用电器与维修技术[M].北京:机械工业出版社,2005.

[5] 邹开跃,张彪.电冰箱、空调器原理与维修[M].北京:电子工业出版社,2002.

[6] 林金泉.电冰箱、空调器原理与维修[M].北京:高等教育出版社,2002.

[7] 李援英.空调器维修入门[M].北京:机械工业出版社,2005.

[8] 刘午平.空调器修理[M].北京:国防工业出版社,2003.

[9] 方贵银.新型电冰箱维修技术与实例[M].北京:人民邮电出版社,2000.

[10] 黄签名,黄鹂.家庭厨用电器使用与维修[M].北京:金盾出版社,2007.

[11] 孙立群.小家电检修技术快易通[M].北京:国防工业出版社,2007.

[12] 全国家用电器职业技能鉴定教材编委会.家庭电器产品维修工(中级)[M].北京:
人民邮电出版社,2002.

[13] 辛长平.家用电器技术基础与检修实例[M].北京:电子工业出版社,2011.